Karl-Friedrich Müller-Reißmann

Expertensystemshell DEDUC

Wissensverarbeitung mit DEDUC

von Hartmut Bossel, Bernd R. Hornung und
Karl-Friedrich Müller-Reißmann

Teil 1: Expertensystemshell DEDUC
Software zur Unterstützung dynamischer Wissensverarbeitung mit Benutzerhandbuch (erarb. von K.-F. Müller-Reißmann)

Teil 2: Wissensdynamik mit DEDUC
Grundlagen und Methoden dynamischer Wissensverarbeitung: Wirkungsanalyse, Folgenabschätzung und Konsequenzenbewertung

Das Software/Buchpaket besteht aus einer Expertensystemshell, die der Wissensverarbeitung dient, einem Benutzerhandbuch sowie einem Lehr- und Lernbuch, das sich mit den Themen Wissensverarbeitung, Folgenabschätzung und Konsequenzenbewertung befaßt.

„Wissensverarbeitung mit DEDUC" zeigt, daß das Thema Knowledge Engineering nicht nur Informatikern, insbesondere Fachleuten des Forschungsgebietes der Künstlichen Intelligenz vorbehalten bleiben muß. Hier wird nicht nur Dozenten und Studenten, sondern auch Praktikern aus den verschiedensten Fachrichtungen ein wirkungsvolles Instrumentarium an die Hand gegeben, mit dem Planungen und Prognosen übersichtlicher und sicherer werden.

K.-F. Müller-Reißmann

Expertensystemshell DEDUC

Software zur Unterstützung dynamischer Wissensverarbeitung mit Benutzerhandbuch

Springer Fachmedien Wiesbaden GmbH

Dieser Band ist der erste Teil des zweibändigen Werkes „Wissensverarbeitung mit DEDUC"
von Hartmut Bossel, Bernd R. Hornung und Karl-Friedrich Müller-Reißmann

Das in diesem Buch enthaltene Programm-Material ist mit keiner Verpflichtung oder Garantie irgendeiner Art verbunden. Die Autoren und der Verlag übernehmen infolgedessen keine Verantwortung und werden keine daraus folgende oder sonstige Haftung übernehmen, die auf irgendeine Art aus der Benutzung dieses Programm-Materials oder Teilen davon entsteht.

Ursprünglich erschienen bei Friedr. Vieweg & Sohn Verlagsgesellschaft mbH, Braunschweig 1989

Umschlaggestaltung: Ludwig Markgraf, Wiesbaden

ISBN 978-3-528-04660-6 ISBN 978-3-322-96858-6 (eBook)
DOI 10.1007/978-3-322-96858-6

Inhaltsverzeichnis

Hinweise

- Zum Arbeiten mit DEDUC werden die folgenden Programmteile benötigt: (sie befinden sich auf der DEDUC-Diskette).

  DEDUC.EXE
  DEDUC.DAT
  DEDUCF.TEX

- Die für die Beispiele dieses Handbuches verwendete Wissensbasis befindet sich (unter HANDBUCH.DED) auf der DEDUC-Diskette.

- In die praktische Wissensverarbeitung mit DEDUC führt ein:

  H. Bossel, B. Hornung, K.F. Müller-Reißmann: Wissensdynamik mit DEDUC - Grundlagen und Methoden dynamischer Wissensverarbeitung: Wirkungsanalyse, Folgenabschätzung und Konsequenzbewertung. Vieweg, Braunschweig/Wiesbaden 1989.

- A brief English language introduction to the DEDUC Knowledge Processing System is provided in Section 6 of this book and on the DEDUC-disk under README.DOC. The corresponding sample knowledge bases DEMKNOM. DED and DEMORIM.DED are also on the DEDUC-disk.

1. Einführung in die Wissensverarbeitung mit DEDUC

1.1 Deduzieren mit DEDUC

Das Schlußfolgern von allgemeinem Wissen auf Aussagen für einen speziellen Fall heißt Deduktion. Von ihr bezieht das Programm DEDUC seinen Namen.

Die Deduktion ist wesentlicher Bestandteil aller Orientierungsvorgänge (Entscheidungen, Beurteilungen, Bewertungen).

Nach dem Prinzip der Deduktion kann eine Aussage, die für eine ganze Klasse von Objekten **allgemein** gilt, auf jede ihrer Teilklassen bzw. Exemplare übertragen werden. Voraussetzung für einen deduktiven Vorgang ist also stets Wissen über solche Klassenbeziehungen zwischen Objekten, die sog. **Objektstrukturen**:

> "*Westliche Industrienationen* **sind** *Marktwirtschaften;*
> *die Bundesrepublik* **ist** *eine westl. Industrienation.*"
>
> "*Gemüse, Obst, Getreide* **sind** *Nahrungsmittel;*
> *Nahrungsmittel* **sind** *Güter.*"
>
> "*Sommer* **ist** *eine Zeit.*"

Bei Orientierungsvorgängen spielt vor allem das allgemeine Wissen eine Rolle, das einen Zusammenhang zwischen verschiedenen Aussagen über Objektklassen ausdrückt, die sog. **Implikationen**:

"**Wenn** *in einer Marktwirtschaft zu einer Zeit die Verfügbarkeit eines Gutes größer wird*
und *die Nachfrage nach dem Gut nicht (im selben Maße) steigt,*
dann *verringert sich sein Preis.*"

Der jeweilige spezielle Fall läßt sich in Form von **Prämissen** beschreiben:

> "*Die Verfügbarkeit von Gemüse wird im Sommer in der Bundesrepublik größer.*"
>
> "*Die Nachfrage nach Gemüse wächst im Sommer nicht (in demselben Maße).*"

Objektstrukturen, Implikationen und Prämissen sind die drei Konzepttypen (s. 1.3), die die Grundlage für den Deduktionsvorgang bilden.

In Anwendung der logischen Schlußregel 'modus ponens' (s. 1.3.2) kann als **Konklusion** gezogen werden:

> "*Der Preis für Gemüse verringert sich im Sommer in der Bundesrepublik*"

Solche deduktiven Vorgänge können - nach geeigneter Formalisierung - auf dem Computer simuliert werden. Dabei macht nicht die einzelne Deduktion, die in der Regel trivial ist, die Computerbearbeitung sinnvoll, sondern erst die große Zahl[1] von Deduktionen, die bei vielen Orientierungsvorgängen ausgeführt und miteinander verknüpft werden müssen. Je größer die Zahl, desto stärker kommen bei der Konzeptverarbeitung durch den Menschen Irrtum und Versäumnis, aber auch psychische Mechanismen (Verdrängungen, Wunschdenken, Konformitätsdruck, Voreingenommenheit, Befangenheit usw.) zum Zuge. Um diese bei der Verarbeitung einer großen Zahl von Konzepten auftretenden Schwierigkeiten besser bewältigen zu können, wurde das Dialogsystem DEDUC entwickelt[2].

1.2 Das Dialogsystem DEDUC

DEDUC ist ein interaktives Computerprogramm zur deduktiven Verarbeitung sprachlicher Konzepte. Solche Konzepte sind qualitativer Natur. Daher arbeitet das Programm mit listenverarbeitenden, d.h. nichtnumerischen Prozeduren. Lediglich bei der Verarbeitung der Gewißheits- und Wertfaktoren (s.u.) kommt ein numerisches Element ins Spiel.

DEDUC ist nicht an bestimmte Inhalte gebunden, sondern allgemein einsetzbar. Das Programm enthält zu Beginn des Dialogs keine Informationen über die reale Welt, sondern nur die Prozeduren, um solche Information zu verarbeiten. Der Benutzer kann in Interaktion mit dem System sein 'Weltwissen' bzw. seine Konzepte über ein beliebiges Gegenstandsgebiet (oder die Konzepte eines anderen Akteurs) eingeben und das System zur Verarbeitung der Konzepte veranlassen. Er kann sich zur Kontrolle die gespeicherten Konzepte ausgeben lassen, nachträgliche Veränderungen an ihnen vornehmen, Konzepte löschen usw.

Hierzu steht dem Benutzer eine einfache Dialogsprache zur Verfügung, deren Befehle im einzelnen in Kap. 2 beschrieben sind.

Für den Dialog existieren zwei Dialogformen:

- Frage-Antwort-Form
- Kommandoform.

Anfangs- und Endphase des Programmablaufs verlaufen in **Frage-Antwort-Form**: das System übernimmt durch Fragen die aktive Rolle im Dialog; der Benutzer antwortet.

In der eigentlichen Arbeitsphase (Kommandophase) dominiert die **Kommandoform**: das System führt die Befehle des Benutzers aus, die in beliebiger (nur durch die Aufgabenstellung bestimmter) Reihenfolge eingegeben werden können (s. 3.2).

Innerhalb der Ausführung einzelner Befehle kann der Dialog wieder die Frage-Antwort-Form annehmen (insbesondere beim CONCL-Befehl).

Umgekehrt kann der Benutzer an einigen Stellen des ablaufenden Dialogs in Frage-Antwort-Form durch Eingabe geeigneter Schlüsselwörter (wie BACK, NEXT, FIN; s. Beschreibung der einzelnen Befehle und Dialogphasen) den Dialog in Quasi-Kommandoform führen.

Der Programmablauf hat die in Abb. 1.1 wiedergegebene Grobstruktur.

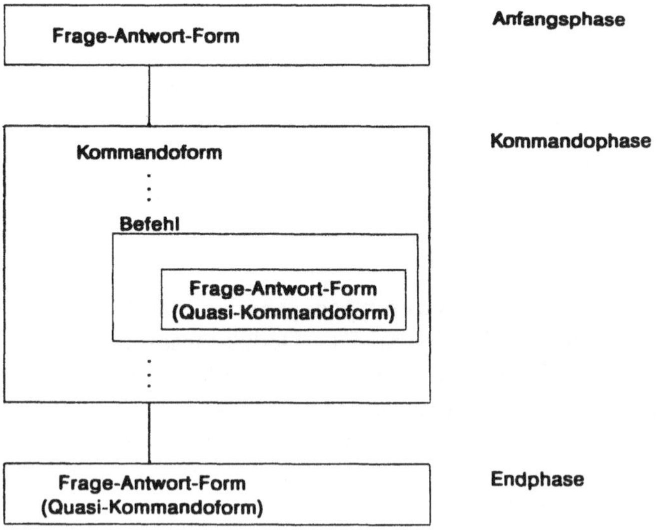

Frage-Antwort-Form — Anfangsphase

Kommandoform — Kommandophase
Befehl
Frage-Antwort-Form (Quasi-Kommandoform)

Frage-Antwort-Form (Quasi-Kommandoform) — Endphase

Abb. 1.1 Grobstruktur des DEDUC-Programmablaufs.

1.3 Deduktive Verarbeitung formalisierter Konzepte

Von den in Kap. 2 vorgestellten Befehlen nehmen diejenigen eine Sonderstellung ein, die der Eingabe von Konzepten dienen. Solche Konzepte, die normalerweise in natürlicher Sprache vorliegen, müssen für die maschinelle Verarbeitung auf dem Computer in geeigneter Weise formalisiert werden. Die für DEDUC gewählte Formalisierung basiert auf dem **Prädikatenkalkül 1. Ordnung**, ist aber diesem gegenüber in der Form einfacher und in der Ausdrucksmöglichkeit restringiert. Wichtigster Unterschied zum Prädikatenkalkül ist, daß nicht mit Objektvariablen gearbeitet wird, sondern mit expliziten Objektklassen, für die Prädikatenaussagen formuliert werden.

Es muß betont werden, daß jede Formalisierung von umgangssprachlichen Sätzen eine auf einen eindeutigen Sinn festlegende Interpretation beinhaltet. Diese Formalisierungsarbeit ist vom Benutzer zu leisten.

Die für DEDUC gewählte Konzeptformalisierung beinhaltet drei verschiedene Darstellungs- bzw. Eingabemöglichkeiten für Konzepte:

(1) **Objektdefinitionen**: Sie dienen der Eingabe von klassifikatorischen Konzepten in Gestalt von Objekten bzw. Objektklassen und ihren Teilklassen und Exemplaren. Für jede Objektklasse kann eine Anzahl nicht notwendig disjunkter

Teilklassen spezifiziert werden (Menschen z.B. können in Männer und Frauen, Kinder und Erwachsene, Weiße und Schwarze usw. eingeteilt werden).

(2) **Implikationen**: Sie dienen der Eingabe von 'zusammengesetzten' Konzepten, die sich in der Form eines 'wenn ... dann...'-Zusammenhangs von Prädikatenaussagen über bestimmte Objektklassen darstellen lassen (es kommt dabei zunächst nicht darauf an, ob dieser Zusammenhang mehr als kausal, konsekutiv, konditional oder auch nur als identifizierend anzusehen ist).

(3) **Prämissendefinitionen**: Sie dienen der Eingabe von 'einfachen', d.h. logisch nicht zusammengesetzten Prädikatenaussagen, mit denen einfache - als wahr geltende oder als wahr angenommene - Feststellungen getroffen werden können.

Auf der Basis dieser drei Konzepttypen generiert das Programm logisch-deduktiv neue Konzepte: sog. **Konklusionen**. Der Deduktionsprozeß startet dabei bei einer oder mehreren Prämissen und versucht über die Implikationen zu neuen einfachen, möglichst allgemeinen Aussagen zu gelangen. Syntaktisch haben die **Konklusionen** die gleiche Struktur wie die Prämissen und werden wie diese benutzt: jede erzeugte Konklusion geht ihrerseits als Prämisse in den Deduktionsprozeß zur Erzeugung weiterer Konklusionen ein.

Der Deduktionsvorgang verläuft dabei gewissermaßen in zwei Ebenen: einmal **horizontal** gemäß der logischen Struktur der Implikationen (s.2.1.2), zum anderen **vertikal** gemäß der durch die Objektstrukturen vorgegebenen Klasse-Teilklasse-Beziehungen (s. 2.1.1). Diese letztere Ebene entspricht der klassischen Deduktion im Sinne des Übergangs vom Allgemeinen zum Besonderen, während die erstere den klassischen Schlußregeln 'modus ponens' bzw. 'modus tollens' (s. 1.3.2) entspricht.

1.3.1 Beispiel für einen Deduktionsvorgang

Objektstrukturen: Die in Abb. 1.2 wiedergegebenen Objektstrukturen für Zeitabschnitte und Länder entsprechen den folgenden DEDUC-Befehlen:

```
Planzeit(heute,naheZukunft),Zukunft(naheZukunft,mittlZukunft,
ferneZukunft) IS Zeit.
USA,Japan,EuropAuslwest IS IndAuslwest.
EuropAuslwest,BRD IS Europawest.
UdSSR,Europaost IS COMECON.
IndAuslwest,COMECON IS IndAusl.
Europawest,Europaost IS Europa.
IndAuslwest,Europawest IS IndLandwest.
IndAusl,Europa,IndLandwest IS IndLand.
IndLand,DrittweltLand IS Land.
```

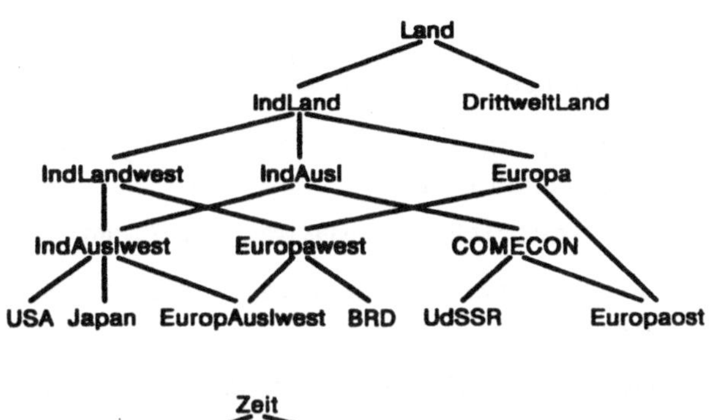

Abb. 1.2 Beispiel für Objektstrukturen (Länder und Zeitabschnitte)

Implikation: Die Aussage

"Wenn *in einer westl. Industrienation zu einer Zeit sich die Arbeitsproduktivität vergrößert*
und *es Wirtschaftswachstum gibt*
und *das Wirtschaftswachstum größere Wirkung (bzgl. der Arbeitsplätze) besitzt als die Vergrößerung der Arbeitsproduktivität,*
dann *verringert sich in diesem Land zu dieser Zeit die Arbeitslosigkeit*" *(mit sehr hoher Gewißheit)*

lautet in der DEDUC-Übersetzung:

```
!I1! if   VgProduktiv(Arbeit,IndLandwest,Zeit)
     and  WirtWachst(IndLandwest,Zeit)
     and  GrößWirk(WirtWachst,VgProduktiv,Arbeit,IndLandwest,Zeit)
     then VrArbeitlsk(IndLandwest,Zeit) 90.
```

Prämissen: Der Ausgangszustand sei vorgegeben durch die Aussagen

"Die Produktivität der Arbeit vergrößert sich in allen Ländern zu allen Zeiten" (mit hoher Gewißheit).

"Es gibt Wirtschaftswachstum in Europa in der Planzeit (d.h. heute und in naher Zukunft)" (mit recht hoher Gewißheit).

"Das Wirtschaftswachstum besitzt größere Wirkung als die Vergrößerung der Arbeitsproduktivität im industriellen Ausland in der Zukunft" (mit geringer Gewißheit).

Die DEDUC-Formulierung lautet:

```
!P1! prem VgProduktiv(Arbeit,Land,Zeit) 80,
!P2!      WirtWachst(Europa,Planzeit) 70,
!P3!      GrößWirk(WirtWachst,VgProduktiv,Arbeit,IndAusl,Zukunft) 20.
```

Konklusion: Mit diesen Prämissen erzeugt DEDUC aufgrund der Objektstrukturen und der Implikation die Schlußfolgerung

```
1    4) CF: 18  VrArbeitlsk(EuropAuslwest,naheZukunft)
```

"Die Arbeitslosigkeit verringert sich im westeuropäischen Ausland in naher Zukunft" (mit geringer Gewißheit).

Im Konklusionsvorgang muß der Deduktionsmechanismus[3] prüfen,

(1) ob alle AND-Glieder der linken Seite der Implikation im Rahmen ihrer Objekte durch vorliegende einfache Aussagen (Prämissen oder Konklusionen) bewahrheitet werden können; wenn ja, für welche Objekttupel, und

(2) ob die Objekttupel, für die die einzelnen AND-Glieder bewahrheitet werden können, in jeder entsprechenden Position einen nichtleeren Objektdurchschnitt besitzen. Ist das aufgrund der vorliegenden Objektstrukturen der Fall, so gilt die linke Seite der Implikation insgesamt für diesen Objektdurchschnitt und damit auch - als Konklusion - die rechte Seite der Implikation.

Im Beispiel können die drei AND-Glieder der linken Seite der Implikation im Rahmen ihrer Objekte durch die drei Prämissen der Reihe nach für die folgenden Objekttupel bewahrheitet werden

```
VgProduktiv (Arbeit, IndLandwest, Zeit)
WirtWachst (Europawest, Planzeit)
GrößWirk (WirtWachst, VgProduktiv, Arbeit, IndAuslwest, Zukunft).
```

Bewahrheitung einer Implikation "im Rahmen ihrer Objekte" bedeutet: die Bewahrheitung durch die Prämissen ist nur insofern von Relevanz, als sie innerhalb des Objektumfangs der Implikation bleibt. So gilt z.B. die erste Prämisse für alle Länder (Objektklasse 'Land'); da die Implikation aber nur für westliche Industrienationen ('IndLandwest') formuliert ist, ist auch die Bewahrheitung des entsprechenden AND-Glieds nur für 'IndLandwest' relevant. Der Schluß kann höchstens auf dem Objektniveau der Implikation gezogen werden.

Die drei Objekttupel des Beispiels haben in den entsprechenden Positionen einen nichtleeren Durchschnitt. Aufgrund der vorliegenden Objektstrukturen ergibt sich als Durchschnitt von 'IndLandwest' (westliches Industrieland), 'Europawest' und 'IndAuslwest' (industrielles westliches Ausland) die Objektklasse 'EuropAuslwest' (europäisches westliches Ausland); von 'Zeit', 'Planzeit' und 'Zukunft' der Durchschnitt 'naheZukunft'. Für diese Objektdurchschnitte gilt dann auch als Konklusion *"Verringerung der Arbeitslosigkeit im europäischen westlichen Ausland in naher Zukunft"*. (Zur Verrechnung der Gewißheitsfaktoren CF s.u.).

Allgemein kann man sagen, daß der Deduktionsmechanismus versucht, Konklusionen mit dem (aufgrund der vorliegenden Konzepte) größtmöglichen Allgemeinheitsgrad (Abstraktionsniveau) zu generieren. Der Deduktionsprozeß durchläuft dabei gleichsam einen Pfad, der in der Horizontalen durch die Implikationen und in der Vertikalen (Abstraktionsniveau) durch die Objekte bestimmt wird.

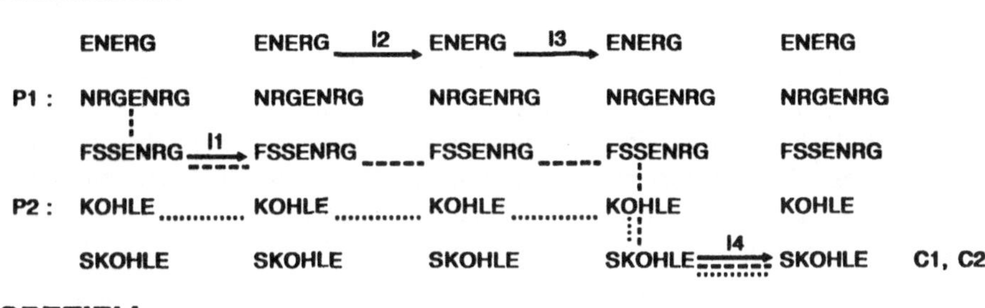

Abb. 1.3 Beispiel für einen über verschiedene Abstraktionsniveaus ablaufenden Deduktionsprozeß.

Im Falle von einstelligen Prädikaten läßt sich dieser Pfad zweidimensional darstellen. Dazu zeigt Abb. 1.3 ein Beispiel mit einer Objektstruktur mit 5 Abstraktionsniveaus (Energie, nichtregenerierbare Energie, Fossilenergie, Kohle, Steinkohle), 4 Implikationen, die für verschiedene Abstraktionsniveaus gelten und zwei Prämissen, formuliert ebenfalls für unterschiedliche Abstraktionsniveaus.

Erläuterung: Implikation Il könnte z.B. lauten: "*Wenn der Verbrauch einer Fossilenergie steigt, dann vergrößert sich das* $S0_2$*-Problem aufgrund dieser Fossilenergie*"; Implikation I2: "*Wenn sich aufgrund einer Energie ein Umweltproblem vergrößert, werden verschärfte Umweltauflagen an den Einsatz dieser Energie geknüpft*"; Implikation I3: "*Verschärfte Umweltauflagen für eine Energie verteuert ihren Einsatz*"; Implikation I4: "*Wenn sich der Einsatz von Steinkohle verteuert, muß sie subventioniert werden*".

Prämisse Pl würde lauten: "*Der Verbrauch nichtregenerierbarer Energie steigt*". Da Fossilenergie eine Teilklasse der nichtregenerierbaren Energien ist, ist die linke Seite von Il auf jeden Fall erfüllt: die erste Konklusion ist auf dem Niveau der Fossilenergie möglich. I2 und I3 gelten für Energien allgemein, also erst recht für Fossilenergien: die entsprechenden Konklusionen können auf der Ebene der Fossilenergie gezogen werden: "*Verschärfte Umweltauflagen für Fossilenergie*", "*Verteuerung des Einsatzes von Fossilenergien*". Mit I4 läuft dann der Deduktionsprozeß auf dem Abstraktionsniveau der Steinkohle weiter; als Endkonklusion ergibt sich: "*Steinkohle muß subventioniert werden*".

Dasselbe Endergebnis würde mit Prämisse P2 erzielt: "*Der Verbrauch von Kohle steigt*".

1.3.2 'Modus Ponens' und 'Modus Tollens'

Normalerweise folgert DEDUC nach der Schlußregel des **'modus ponens'** *("Wenn eine Aussage A die Aussage B impliziert und A wahr ist, so ist auch B wahr")*. DEDUC bietet aber auch die Möglichkeit, nach der Schlußregel **'modus tollens'** *("Wenn eine Aussage A die Aussage B impliziert und Nicht-B wahr ist, so ist auch Nicht-A wahr")* zu schließen. Der Benutzer kann bei der Erstellung eines Moduls grundsätzlich darüber entscheiden, ob er diese Schlußweise einbeziehen möchte (vgl. 3.1). In diesem Fall generiert das System automatisch zu jeder eingegebenen Konklusion die logisch äquivalenten Umkehrimplikationen[4] nach dem logischen Gesetz: "*A impliziert B*" ist logisch äquivalent zu "*Nicht-B impliziert Nicht-A*".

In einem Modul mit Umkehrimplikationen kann der Benutzer beim einzelnen Konklusionsprozeß (s. CONCL-Befehl) entscheiden, ob nur nach dem modus ponens oder nach beiden Schlußweisen deduziert werden soll.

Beispiel für die Verwendung des 'modus ponens' und des 'modus tollens'

Folgende sechs Implikationen wurden eingegeben:

```
!I1! if   VgProduktiv(Arbeit,IndLandwest,Zeit)
     and  WirtWachst(IndLandwest,Zeit)
     and  GrößWirk(WirtWachst,VgProduktiv,Arbeit,IndLandwest,Zeit)
     then VrArbeitlsk(IndLandwest,Zeit) 90.

!I2! if   not VgArbeittlg(IndLand,Planzeit)
     then not VgProduktiv(Arbeit,IndLand,Planzeit) 90.

!I3! if   VgProduktiv(Arbeit,IndLandwest,Zeit)
     and  not WirtWachst(IndLandwest,Zeit)
     then VgArbeitlsk(IndLandwest,Zeit).

!I4! if   VgArbeittlg(IndLand,Planzeit)
     then VgMonotonie(Arbeit,IndLand,Planzeit) 80.

!I5! if   VrArbeitlsk(Europawest,Zeit)
     then VgSozSicherh(Europawest,Zeit).

!I6! if   WirtWachst(IndLand,Planzeit)
     then VgAbfall(:Umweltschad,IndLand,Planzeit).
```

(I1)	*"Wenn*	*sich in einer westl. Industrienation die Arbeitsproduktivität vergrößert*
	und	*es Wirtschaftswachstum gibt*
	und	*dieses größere Wirkung hat als Vergrößerung der Arbeitsproduktivität*
	dann	*verringert sich ... die Arbeitslosigkeit"*

(I2) *"Ohne Vergrößerung der Arbeitsteilung ...*
keine Vergrößerung der Produktivität der Arbeit"

(I3) *"Wenn Vergrößerung der Arbeitsproduktivität ...*
und kein Wirtschaftswachstum ...
dann Vergrößerung der Arbeitslosigkeit"

(I4) *"Wenn Vergrößerung der Arbeitsteilung ...*
dann Vergrößerung der Monotonie der Arbeit ..."

(I5) *"Wenn Verringerung der Arbeitslosigkeit in Westeuropa ...*
dann Vergrößerung der sozialen Sicherheit in Westeuropa ..."

(I6) *"Wenn Wirtschaftswachstum ...*
dann Vergrößerung des Abfalls an Umweltschadstoffen ..."

Als Prämissen werden eingegeben:

```
|P1| prem VgProduktiv(Arbeit,Land,Zeit) 80,
|P2|      WirtWachst(Europa,Planzeit) 70,
|P3|      GrößWirk(WirtWachst,VgProduktiv,Arbeit,IndAusl,Zukunft) 20.
```

Die **Objektstrukturen** sind dieselben wie im vorhergehenden Beispiel.

Eine **Deduktion nur im modus ponens** liefert drei Konklusionen:

```
concl.
 CONCLUSION INTERRUPT AFTER HOW MANY MINUTES ?
1
 CUTOFF AT WHICH CERTAINTY FACTOR ?
0
 DEDUCTION IN MODUS PONENS ONLY ? (Y/N)
y
    1    4) CF: 18  VrArbeitlsk(EuropAuslwest,naheZukunft)
   14    5) CF: 70  VgAbfall(:Umweltschad,Europa,Planzeit)
   12    6) CF: 18  VgSozSicherh(EuropAuslwest,naheZukunft)
```

Eine **Deduktion in modus ponens und modus tollens** führt zu zwei zusätzlichen Konklusionen (Nr.5 und 8):

```
concl.
 CONCLUSION INTERRUPT AFTER HOW MANY MINUTES ?
1
 CUTOFF AT WHICH CERTAINTY FACTOR ?
0
 DEDUCTION IN MODUS PONENS ONLY ? (Y/N)
n
    1    4) CF: 18  VrArbeitlsk(EuropAuslwest,naheZukunft)
    5    5) CF: 72  VgArbeittlg(IndLand,Planzeit)
   14    6) CF: 70  VgAbfall(:Umweltschad,Europa,Planzeit)
   12    7) CF: 18  VgSozSicherh(EuropAuslwest,naheZukunft)
   10    8) CF: 57  VgMonotonie(Arbeit,IndLand,Planzeit)
```

Nur Konklusion Nr.5 kommt direkt über einen Schluß nach dem modus tollens zustande:

```
how 5.
   2) CF: 90  NOT VgArbeittlg(IndLand,Planzeit)
              --NOT VgProduktiv(Arbeit,IndLand,Planzeit)
 P 1) CF: 80  VgProduktiv(Arbeit,Land,Zeit)
 OK:
```

Der HOW-Befehl (s. 2.2.3) zeigt, daß die Konklusion aufgrund der Implikation I2 und der Prämisse P1 gebildet worden ist. Konklusion Nr.8 entstand aus Konklusion Nr.5 und Implikation I4 nach modus ponens:

```
how 8.
   4) CF: 80  VgArbeittlg(IndLand,Planzeit)
              --VgMonotonie(Arbeit,IndLand,Planzeit)
   5) CF: 72  VgArbeittlg(IndLand,Planzeit)
 OK:
```

Damit bietet DEDUC die Möglichkeit zu zwei unterschiedlichen Konsequenzenanalysen:

(1) **Konsequenzenermittlung im engeren (kausalen) Sinn**: Auf der substantiellen, semantischen Ebene kann eine Implikation eine kausale Beziehung zwischen zwei Ereignissen darstellen: "*Wenn Wirtschaftswachstum, dann vergrößerter Verbrauch von Energie*". Mittels solcher Implikationen lassen sich die in einem realen System vorhandenen Wirkungsbeziehungen angeben. Damit läßt sich untersuchen, was in diesem System ablaufen wird. In diesem Falle muß die Argumentation (die Deduktion von Folgewirkungen) der explizit angegebenen Kausalkette folgen, d.h. der Folge von 'Wenn...dann'-Sätzen entsprechend ihrer kausalen Abfolge. Eine solche Beschreibung von Vorgängen der realen Welt kann nur im **modus ponens** ablaufen, da kausale Wirkungen nur in einer Richtung wirken können.

(2) **Konsequenzenermittlung im weiteren (logischen) Sinn**: Implikationen können aber auch auf einer formalen Ebene betrachtet werden, d.h. sie können als logische Aussagen über Argumente auf der kognitiven Ebene aufgefaßt werden. In diesem Falle sollen sie nicht Abläufe der Realität darstellen, sondern lediglich Aussagen über Zusammenhänge in der Realität. Während reale Ereignisse zwangsläufig aus dem 'wenn'-Teil einer Implikation folgen, können sich logische Schlüsse auch aus dem 'dann'-Teil einer Implikation über den **modus tollens** ergeben. Wenn wir die Realität betrachten und die Aussage "*Wenn Wirtschaftswachstum, dann vergrößerter Verbrauch von Energie*" als wahr übernehmen, dann folgt aus Wirtschaftswachstum zum Zeitpunkt t_1 ein höherer Energieverbrauch zum Zeitpunkt t_2, ohne daß aber irgendein Ereignis zum Zeitpunkt t_2 irgendeine Folge zum Zeitpunkt t_1 verursachen könnte. Fassen wir allerdings diese Implikation als einen logischen Satz auf, so können wir schließen, daß zum Zeitpunkt t_1 kein Wirtschaftswachstum geherrscht haben kann, falls bei t_2 kein höherer Energieverbrauch festzustellen war. Wir haben es hier

also eher mit einer Analyse des logischen Umfeldes einer Alternative (Maßnahme oder Situation) zu tun als mit einer echten Folgenabschätzung.

Auch bei der Bewertung der so erzeugten Konklusionen im Orientormodul (s.u.) ist auf diese Unterscheidung zu achten. Im ersten Fall ergibt sich eine **Konsequenzenbewertung im engeren Sinn**, im zweiten Fall eine **Bewertung des logischen Umfeldes** einer Alternative. Bei ersterer wird nur bewertet, was in einem real-kausalen Sinne aus einer Alternative folgt. Bei letzterer wird auch alles mitbewertet, was sich logisch durch eine Alternative aufgrund des vorliegenden Sachmoduls ausschließt.

1.4 Sachmodul und Orientormodul

DEDUC sieht zwei Arten von Konzeptmoduln vor: Sachmoduln und Orientormoduln. Ein **Konzeptmodul** ist eine Menge mehr oder weniger miteinander verknüpfter Konzepte (Objekte, Implikationen, Prämissen). Ein **Sachmodul** entspricht einem thematisch zusammenhängenden Teil des **'internen Modells'**, das ein Entscheider von einem Problembereich hat (z.B. Energiemodul, Wirtschaftsmodul, Umweltmodul); der **Orientormodul** entspricht dem **'normativen System'** eines Entscheiders. Einzelne Moduln können mittels eines Interface-Mechanismus aneinandergekoppelt werden (s. 3.3).

1.4.1 Gewißheitsfaktoren

Innerhalb eines **Sachmoduls** können Implikationen und Prämissen mit einem sog. Gewißheitsfaktor (certainty factor CF) versehen werden, der den Grad der subjektiven Gewißheit angibt, mit dem das betreffende Konzept als wahr oder zutreffend eingestuft wird. Gewißheitsfaktoren bewegen sich zwischen den Zahlenwerten 0 und 100 (Prozent).

Ein Konzept mit dem Gewißheitsfaktor 100 gilt als völlig gewiß. Das andere Extrem 0 bedeutet, daß es für die Wahrheit des Konzepts keinerlei Anhaltspunkte gibt; für den Deduktionsprozeß gilt es als nicht vorhanden (Näheres s. PREM 2.1.3).

Es gelten folgende **Regeln für die interne Verarbeitung der Gewißheitsfaktoren**:

(1) `CF (P AND Q) : = min (CF(P), CF(Q))`

Der Gewißheitsfaktor einer Konjunktion ist gleich dem Minimum aus den Gewißheitsfaktoren der AND-Glieder

(2) `CF (P OR Q) : = max (CF(P), CF(Q))`

Der Gewißheitsfaktor einer Disjunktion ist gleich dem Maximum der Gewißheitsfaktoren der OR-Glieder[5].

(3) Sei "IF L THEN R" eine Implikation. Dann ist

```
CF(R) : = CF(L) * CF(IF L THEN R) / 100
```

Der Gewißheitswert der rechten Seite der Implikation (Konklusion) ergibt sich aus dem Gewißheitswert der linken Seite der Implikation multipliziert mit dem Gewißheitsfaktor der Implikation dividiert durch 100)[6].

(4) Die Ableitung eines Gewißheitswertes über die Negation ist nicht möglich)[7].

Beispiel (vgl. Beispiel für Deduktionsvorgang unter 1.3.1)

```
!I1! if   VgProduktiv(Arbeit,IndLandwest,Zeit)
     and  WirtWachst(IndLandwest,Zeit)
     and  GrößWirk(WirtWachst,VgProduktiv,Arbeit,IndLandwest,Zeit)
     then VrArbeitlsk(IndLandwest,Zeit) 90.
```

Die linke Seite der Implikation besteht aus drei AND-Gliedern, die z.B. aufgrund entsprechender Prämissen der Reihe nach mit den Gewißheiten 80, 70 und 20 bewahrheitet werden. Dann gilt die linke Seite der Implikation nach (1) insgesamt mit der Gewißheit von min(80, 70, 20) = 20. Die Implikation selbst besitzt die Gewißheit 90. Dann gilt die rechte Seite der Implikation - und damit auch die entsprechende Konklusion - nach (3) mit der Gewißheit 20 x 90 / 100 = 18.

Das Ergebnis der deduktiven Verarbeitung im Sachmodul sind also Konklusionen mit bestimmten subjektiven Gewißheiten, d.h. die **Konsequenzen von** (in Form von Prämissen eingegebenen) **Situationen oder Handlungsalternativen**, wie sie sich aufgrund der vorhandenen Implikationen und Objektstrukturen ergeben.

1.4.2 Orientorenhierarchie

Diese Konsequenzen können zur **Bewertung** (Evaluation) in einen Orientorenmodul übertragen werden (s. 3.3). Ein **Orientorenmodul** besteht im Prinzip ebenfalls aus Objektstrukturen, Implikationen und - als Prämissen - den aus dem Sachmodul herrührenden Konklusionen, die bewertet werden sollen.

Während ein Sachmodul Sach-Sach-Implikationen enthält (Zusammenhänge zwischen Sachverhalten), besteht ein Orientorenmodul aus

(a) Sach-Wert-Implikationen
(b) Wert-Wert-Implikationen.

Sach-Wert-Implikationen bilden Sachverhalte auf Werte (Orientoren) ab. **Wert-Wert-Implikationen** bilden (Unter-)Wert auf (Ober-)Wert ab. Durch sie wird die eigentliche Orientorenhierarchie gebildet.

Die **Orientorenhierarchie** ist eine mehr oder weniger tief gestaffelte Hierarchie von Orientoren, die durch Wert-Wert-Implikationen miteinander verbunden sind.

Syntaktisch werden Orientoren als Objekte behandelt. Als Konvention wird für jede Ebene einer Orientorenhierarchie ein spezielles Prädikat verwendet, das angibt, daß ein Orientor durch eine Konklusion angesprochen wird und 'betroffen' ist. Das Prädikat 'betroffen' (BTR) wird zudem mit einer Zahl versehen, die angibt, um welche Ebene es sich handelt. Bei einer aus vier Ebenen bestehenden Orientorenhierarchie finden demzufolge die Prädikate BTR1, BTR2, BTR3 und BTR4 Verwendung.

Bei umfangreichen Orientorsystemen empfiehlt es sich aus Gründen der Rechenzeit dabei nicht, den Ebenen der Hierarchie jeweils nur **ein** charakteristisches Prädikat zuzuordnen (BTR4, BTR3, BTR2, BTR1: "Betroffen ein Orientor der 4. Hierarchieebene" usw.), sondern diese Prädikate nur mit einem gemeinsamen Schlüssel zu beginnen und durch Zusätze (die z.B. auf die betroffenen Objekte hinweisen) weiter zu spezifizieren (z.B. BTR4W1, BTR4W2, BTR4W3 usw.). Der gemeinsame Prädikatenschlüssel ist eine Voraussetzung für die Definition der Werte (s. VALUE-Befehl 2.1.5), die der Evaluation zugrundegelegt werden sollen (s. EVAL-Befehl 2.2.8).

Mit dem VALUE-Befehl werden jeweils die Werte einer Hierarchieebene (bzw. ein Teil dieser Werte) als 'value set' definiert und der entsprechende Prädikatenschlüssel zugeordnet.

Achtung: Aus programmtechnischen Gründen muß die Hierarchie streng aufgebaut sein, d.h. Wert-Wert-Implikationen dürfen stets nur von einer Ebene zur nächsthöheren führen. Auch für die Sach-Wert-Implikationen besteht die Einschränkung, daß Sachverhalte nur auf die unterste Ebene der Hierarchie abgebildet werden dürfen. Zu diesem Zweck muß das Orientorensystem gegebenenfalls durch die Definition von **Pseudoorientoren** aufgefüllt werden.

Beispiel: Sei GESNAHR ('gesunde Nahrung') ein Orientor der 4. Ebene, die im Beispiel die unterste Stufe ist. GESUNDH ('Gesundheit') sei Orientor der 1., obersten Stufe. Durch Definition der Pseudoorientoren GESNAHR3 und GESNAHR2 lassen sich die Implikationen entsprechend der vierstufigen strengen Hierarchie wie folgt bilden:

```
IF BTR4 (GESNAHR, ...) THEN BTR3 (GESNAHR3,...).
IF BTR3 (GESNAHR3,...) THEN BTR2 (GESNAHR2,...).
IF BTR2 (GESNAHR2,...) THEN BTR1 (GESUNDH,....).
```

Achtung: Um eine korrekte Bewertung zu gewährleisten, dürfen keine zu bewertenden Sachverhalte im Orientormodul erzeugt werden, d.h. der Orientormodul darf keine Sach-Sach-Implikationen enthalten!

1.4.3 Ladefaktoren und Betroffenheitsfaktoren

Jede Implikation im Orientorenmodul ist mit einem bestimmten **Ladefaktor** (load factor LF) versehen (s.u. LF-Befehl 2.1.6 und RLF-Befehl 2.1.9), der sich zwischen den Zahlen -100 und 100 bewegt. Er stellt ein ganz grobes subjektives Maß dar für die Stärke der Beziehung zwischen Ereignis und Orientor bzw. (Unter-)Orientor und (Ober)Orientor. Je größer dieser Faktor, desto stärker ist der Orientor der rechten Seite der Implikation erfüllt (bzw. verletzt), wenn der Orientor der linken Seite erfüllt (bzw. verletzt) ist.

Jeder Prämisse bzw. Konklusion im Orientormodul ist ein **Betroffenheitsfaktor** (affectedness factor, s. AF-Befehl 2.1.7) zugeordnet, der ein ganz grobes subjektives Maß für die Stärke des Betroffenseins (Verletzung oder Erfüllung) des entsprechenden Orientors darstellt.

Die zu bewertenden Konsequenzen, mit denen der deduktive Bewertungsvorgang im Orientormodul als Prämissen startet, bekommen automatisch die Betroffenheit 100 (dies könnte so interpretiert werden, daß die zu bewertenden Tatbestände, die in diesen Prämissen formuliert sind, als 'voll erfüllt' angesehen werden). Es besteht jedoch auch die Möglichkeit, ihnen mittels des AF- bzw. RAF-Befehls (s. 2.1.7 bzw. 2.1.9) andere Zahlen zuzuordnen.

Sach-Wert-Implikationen (Übergangsimplikationen vom Sachmodul zur eigentlichen Orientorenhierarchie) sind von eingeschränkter Form: sie dürfen links nur einen einfachen (negierten oder unnegierten) Prädikatenausdruck enthalten. Stellt erst das Zusammentreffen von zwei oder mehreren Ereignissen einen zu bewertenden Sachverhalt dar, so sind diese durch eine entsprechende Implikation im Sachmodul zusammenzufassen. Der so entstandene einfache Prädikatenausdruck wird dann im Orientormodul bewertet.

Wert-Wert-Implikationen (die die eigentliche Orientorenhierarchie bilden) sind von der eingeschränkten Form:

```
IF BTRi...(...) THEN BTRi-1...(...),
                     BTRi-1...(...),
                     ....
```

Aus dem Ladefaktor der Implikationen und dem Betroffenheitsfaktor auf der linken Seite errechnet sich der Betroffenheitsfaktor der rechts stehenden Orientoren nach folgender **interner Verarbeitungsregel für Lade- bzw. Betroffenheitsfaktoren**:

Sei "IF L THEN R" eine Implikation im Orientormodul. Dann ist

```
AF(R): = AF(L) * LF (IF L THEN R) /100.
```

Der Betroffenheitsfaktor der rechten Seite einer Implikation (Konklusion) ist gleich dem Betroffenheitsfaktor der linken Seite (Prämisse) multipliziert mit dem Ladefaktor der Implikation dividiert durch 100.

Abbildung mehrerer Implikationen auf einen Orientor

Bilden mehr als eine Implikation auf einen Orientor ab, so werden die entsprechenden Betroffenheitsfaktoren - getrennt nach positiven und negativen Wertberührungen - addiert und zwar auf der jeweils größten gemeinsamen Gewißheit. Die unterschiedlichen Gewißheitsfaktoren stammen dabei aus dem Sachmodul und entsprechen den Gewißheitsfaktoren der zu bewertenden Konsequenzen.

Beispiel für eine Addition der Betroffenheitsfaktoren auf der jeweils größten gemeinsamen Gewißheit: Die drei Orientoren 'Gesunde Nahrung', 'Humanisierung der Arbeitswelt' und 'Umweltqualität' mögen auf den übergeordneten Orientor 'Gesundheit' bezogen sein. In DEDUC formalisiert ist dies darstellbar als:

```
!I1!   IF BTR2 (GESNAHR,...)  THEN BTR1 (GESUNDH ...). LF 80.
!I2!   IF BTR2 (HUMARBW,...)  THEN BTR1 (GESUNDH ...). LF 20.
!I3!   IF BTR2 (UWQL,...)     THEN BTR1 (GESUNDH,...). LF 50.
```

D.h. der Orientor 'gesunde Nahrung' lädt stark positiv, der Orientor 'Humanisierung der Arbeitswelt' lädt leicht positiv, der Orientor 'Umweltqualität' lädt mittel positiv auf den Orientor 'Gesundheit'.

Der Orientor 'Gesunde Nahrung' sei (aufgrund von Konklusionen im Sachmodul) mit dem Betroffenheitsfaktor AF von -50 (mittelstark negativ) und mit der Gewißheit von 60 (mittlere bis hohe Gewißheit) betroffen; der Orientor 'Humanisierung der Arbeitswelt' sei mit dem AF von -70 (stark negativ) und mit der Gewißheit von 90 (sehr hohe Gewißheit) betroffen; der Orientor 'Umweltqualität' sei mit dem AF von -90 (sehr stark negativ) und mit der Gewißheit von 50 (mittlere Gewißheit) betroffen.

Nach der Verarbeitungsregel für Lade- bzw. Betroffenheitsfaktoren (s.o.) ist der Orientor 'Gesundheit' über die erste Implikation betroffen:

```
AF (BTR1(GESUNDH,...)) := AF (BTR2(GESNAHR,...)) * LF (I1) / 100
                        =    -50 * 80 / 100  =   -40 .
```

Die zugehörige Gewißheit ist 60.

Analog ist die Rechnung für die anderen beiden Implikationen. Insgesamt ist der Orientor 'Gesundheit' einzeln betroffen:

über die Implikation I1 mit AF -40 mit Gewißheit 60
über die Implikation I2 mit AF -14 mit Gewißheit 90
über die Implikation I3 mit AF -45 mit Gewißheit 50

Die größte gemeinsame Gewißheit für alle drei Wertberührungen ist 50. Auf dieser Gewißheit kann addiert werden:

Die Gesamtbetroffenheit mit Gewißheit 50 beträgt also (-40) + (-14) + (-45) = -99 .

Insgesamt ergibt sich nach der Addition der Betroffenheitsfaktoren auf der jeweils gemeinsamen Gewißheit eine Betroffenheit

von AF: -99 mit der Gewißheit 50
von AF: -54 mit der Gewißheit 60
von AF: -14 mit der Gewißheit 90

Eingangsgrößen und Resultat sind noch einmal in Abb. 1.4 dargestellt.

Intervalldistanzen

Da die Gewißheiten der im Sachmodul generierten Konklusionen jeden beliebigen Zahlenwert zwischen 1 und 100 annehmen können, würden u.U. bei der Bewertung zu einem einzelnen Orientor sehr viele solcher (AF,CF)-Paare erzeugt werden (im Extremfall: 100). Dadurch würde das Bewertungsergebnis 'aufgebläht', ohne daß sich sein Informationsgehalt wesentlich vergrößerte. Deshalb können vor der Bewertung im Orientormodul zunächst die Gewißheitswerte in mehr oder weniger große Intervalle eingeteilt und einem entsprechenden Mittelwert zugeordnet werden. Dies wird mit dem Befehl CFINT (s. 2.2.7) bewerkstelligt. Nach Eingabe dieses Befehls wird der Benutzer zur Eingabe einer bestimmten **Intervalldistanz** veranlaßt.

Die Tabelle 1.1 zeigt für einige Beispiele von Intervalldistanzen die zugehörige Einteilung der Gewißheitsfaktoren.

Intervall-distanz: 20		Intervall-distanz: 25		Intervall-distanz: 33		Intervall-distanz: 50	
Intervall	Mittelw.	Intervall	Mittelw.	Intervall	Mittelw.	Intervall	Mittelw.
1....10	5	1....12	6	1....15	8	1....25	12
11...30	20	13...37	25	16...49	33	26...75	50
31...50	40	38...62	50	50...82	66	76..100	88
51...71	60	63...87	75	83..100	92		
71...90	80	88..100	94				
91..100	95						

Die Intervalle wurden so gewählt, daß die Rundungsfehler am oberen und am unteren Ende der Gewißheitsskala kleiner ausfallen als im mittleren Bereich der Skala.

Bei einer Intervalldistanz von 25 gibt es fünf verschiedene CF-Werte (6, 25, 50, 75, 94; Interpretation: 'kaum', 'leicht', 'mittel', 'beträchtlich', 'sehr hoch'). Damit können auch maximal fünf (AF,CF)-Paare pro Orientor erzeugt werden. Da der Gewißheitswert selbst nur ein sehr grobes (subjektives) Maß für die Zuverlässigkeit einer Information darstellt, würde eine wesentlich feinere Einteilung bei der Bewertung nur eine höhere Genauigkeit vortäuschen.

Das obige Beispiel würde bei einer Intervalldistanz von 25 aussehen wie in Abb. 1.5 gezeigt. Das Ergebnis könnte dann wie folgt interpretiert werden: Der Orientor 'Gesundheit' ist mit mittlerer Gewißheit sehr stark negativ betroffen, außerdem ist er aber auch mit sehr hoher Gewißheit (zumindest) sehr schwach negativ betroffen.

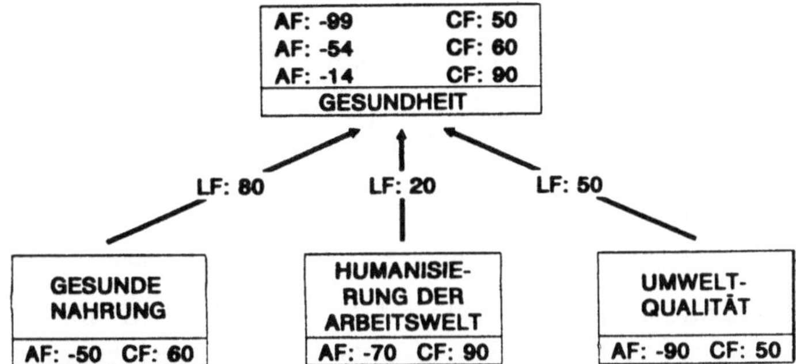

Abb. 1.4 Beispiel für die Verarbeitung von Betroffenheitsfaktoren bei unterschiedlichen Gewißheiten. (Betroffenheitsfaktoren AF, Gewißheitsfaktoren CF, Ladefaktoren der Implikationen LF).

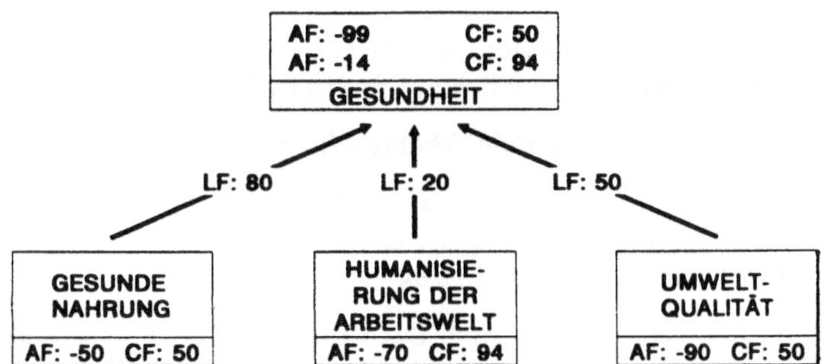

Abb. 1.5 Beispiel für die Verarbeitung von Betroffenheitsfaktoren bei unterschiedlichen Gewißheiten. (Verwendung einer Intervalldistanz von 25).

Da die Ladefaktoren von Implikationen, die auf **einen** Orientor abbilden, nicht miteinander abgestimmt und normiert werden, können durch dieses Additionsverfahren Betroffenheitsfaktoren zustandekommen, die den Bereich (-100...100) weit überschreiten. Die Betroffenheitsfaktoren in den Bewertungsergebnissen sind mit entsprechender Vorsicht zu interpretieren: sie sind nur im **Vergleich** untereinander aussagekräftig.

Sättigungsgrenze für Betroffenheitsfaktoren

Neben der einfachen Addition der Betroffenheitsfaktoren eines Orientors gibt es die Möglichkeit der Addition mit einer Sättigungsgrenze. Der Benutzer kann diese zu Beginn eines Konklusionsprozesses (s.CONCL-Befehl) im Orientormodul festlegen. Die Betroffenheitsfaktoren AF1 und AF2 werden dann (bei entsprechender Gewißheit; s.o.) wie folgt addiert:

```
AF1 (+) AF2 := AF1 + AF2 - (AF1 * AF2)/S
S = Sättigungsgrenze, z.B. 100, 200, ..., 500
```

Bei einer Sättigungsgrenze von 100 wird der Zahlenbereich -100 ... 100 , der für die Ladefaktoren der Implikationen vorgesehen ist (s.o.), auch vom Bewertungsergebnis nicht überschritten. Nachteil für den Bewertungsvergleich ist, daß sich insbesondere im Bereich sehr hoher Betroffenheiten die Bewertungsunterschiede verwischen. Z.B. wäre bei einem Sättigungsfaktor von 100 das mehrfache Betroffensein eines Orientors über verschiedene Implikationen mit dem Betroffenheitsfaktor 100 nicht mehr von einem einmaligen Betroffensein dieser Größe zu unterscheiden.

Die Einzelheiten der Präsentation von Bewertungsergebnissen sind bei der Erläuterung der EVAL-Befehle (2.2.8) zu finden.

Schnittfaktoren

Bei den Sach-Wert-Implikationen besteht das Problem der Abhängigkeit der zu bewertenden Sachverhalte im Hinblick auf den betroffenen Orientor.

Nehmen wir z.B. an, im Sachmodul könnten (theoretisch) die Konklusionen

- *wachsende Komplexität der Gesellschaft*
- *wachsende Zentralisierung der Gesellschaft*
- *vergrößerter Einsatz von Gewalt*

generiert werden, die alle bezüglich des Orientors *'soziale Geborgenheit des Individuums'* zu bewerten sind. Die ersten beiden Konklusionen sind offensichtlich unter diesem Gesichtspunkt nicht unabhängig, während für die dritte im großen und ganzen Unabhängigkeit zu den ersten beiden Konklusionen zu konstatieren ist. Werden nun z.B. alle drei Konklusionen gleichzeitig generiert (was aktuell bei den jeweiligen Deduktionsprozessen generiert wird, ist bei der Modellkonstruktion unbekannt), würde sich im Blick auf den Orientor *'soziale Geborgenheit'* eine 'Doppelzählung' ergeben. Um dies zu vermeiden, ist es möglich, zwischen den Sach-Wert-Implikationen sog. **'Schnittfaktoren'** (overlap factors) zu bestimmen: Zahlenwerte zwischen 0 und 100 (Prozent) als grobes (subjektives) Maß für die Größe der Abhängigkeit. Diese Schnittfaktoren werden mit dem ROF-Befehl (s. 2.1.9) eingelesen.

An die Stelle einer einfachen Addition der (sich aufgrund der Ladeimplikationen ergebenden) AF-Zahlen tritt eine modifizierte Addition '+', bei der eine Korrektur nach Maßgabe des jeweiligen Schnittfaktors vorgenommen wird. Dabei wird der betragsmäßig niedrigere der beiden AF-Werte um den Prozentteil reduziert, der durch den Schnittfaktor angegeben ist:

```
AF1 '+' AF2 := AF1 + AF2 + (V * min ( |AF1| , |AF2| ) * OF(1,2))/100

V = -1, bzw. +1, falls AF1 und AF2 positiv bzw. negativ.
|AF1| bzw. |AF2| = Betrag der Betroffenheit über Implikationen 1 bzw. 2.
OF(1,2) = Schnittfaktor zwischen Implikation 1 und 2.
```

Sind die Implikationen unabhängig bezüglich des betreffenden Orientors (OF = 0), so ist die korrigierte Addition gleich der gewöhnlichen.

Beispiel:

```
(1) if VgKomplex(Gesellsch,...)    then btr4 (SozialGeborgenh,...). LF -60.
(2) if VgZentralisg(Gesellsch,...) then btr4 (SozialGeborgenh,...). LF -80.
```

Schnittfaktor (1,2) sei 70.

Werden nun beide Implikationen angesprochen, so ist

```
AF(SozGeborgenh) = (-60) + (-80) + (min(60,80) x 70)/100
                 = (-60) + (-80) + 42 = -98.
```

2. DEDUC - Befehle (Syntax, Semantik, Beispiele)

Jeder Befehl muß mit einem Punkt abgeschlossen werden. Die Befehle können in Groß- oder Kleinbuchstaben und einem freien Format eingegeben werden, d.h. Leerzeichen und Zeilenvorschub können zur besseren Übersichtlichkeit beliebig verwendet werden. Wenn ein Befehl syntaktisch korrekt ist, wird dies vom System mit OK: angezeigt, anderenfalls erscheint SYNTAX ERROR: RETYPE.

Werden für ein Objekt oder Prädikat mehr als die vorgesehenen 16 alphanumerischen Zeichen verwendet (s.u.), so wird vom System mit dem Hinweis WORD TOO LONG: TRUNCATED auf 16 Zeichen abgeschnitten.

Alle Benutzereingaben können in Groß- oder Kleinbuchstaben geschrieben sein. Das System akzeptiert auch für die Schlüsselwörter (IS, AND, OR, PREM usw.) der Befehle Groß- und Kleinschreibung.

Bei Namen für Objekte und Prädikate (s.u.) muß - was die Groß-/Kleinschreibung betrifft - keine einheitliche Schreibweise beibehalten werden: 'Zeit', 'ZEIT' und 'zeit' z.B. werden als ein und dasselbe Objekt behandelt! Die jeweils zuerst verwendete Schreibweise ist für die Ausgabe der Objekte bzw. Prädikate maßgebend.

Enthält ein eingegebenes Wort ein nicht erlaubtes Sonderzeichen (z.B. "/"), so wird das Zeichen mit dem Hinweis ILLEGAL CHARACTER: SKIPPED unterdrückt.

In den Eingabe-Dateien (DEDF.n) können Kommentare nach Belieben zwischen die Befehle geschrieben werden. Kommentare werden durch Ausrufungszeichen "!" eingeschlossen und aufgrund dessen beim Einlesen der Datei in DEDUC überlesen. Diese Kommentarmöglichkeit ist u.a. wichtig, um die Implikationen einer Wissensbasis mit Identifikationsnummern zu versehen.

Die Befehle lassen sich aufgrund ihrer Bedeutung in verschiedenen Gruppen zusammenfassen:

- **Eingabebefehle** : dienen der Eingabe oder dem Einlesen von Konzepten
- **Arbeitsbefehle**: veranlassen die eigentliche Konzeptverarbeitung (Deduktion, rücklaufende Aufschlüsselung der Deduktion, Evaluation, Vergleich von Deduktionsergebnissen)
- **Informationsbefehle**: dienen der Eingabekontrolle und liefern notwendige Informationen für Strukturänderungsbefehle
- **Strukturänderungsbefehle**: dienen der nachträglichen Korrektur eingegebener Konzepte.

Falls keine anderen Angaben gemacht werden, beziehen sich die zu den folgenden Befehlen gegebenen Beispiele auf die Objekte und Implikationen des Beispiels zum RF-Befehl (s. 2.1.8).

2.1 Eingabebefehle

2.1.1 IS : Objekte definieren

Objektdefinitionen dienen zur Eingabe von Objektstrukturen.

< Objektstrukturliste > IS < Objekt > .
definiert die Elemente der Objektstrukturliste (links) als Teilklassen oder Exemplare der Objektklasse (rechts).

Der Befehl ist zusammengesetzt aus der links stehenden Objektstrukturliste, dem IS Schlüsselwort und dem rechts stehenden globalen Objektstrukturnamen.

Eine Objektstrukturliste besteht aus durch Komma getrennten Objekt(struktur)-namen:

< Objektstrukturliste >::= < Objektstruktur > ,..., < Objektstruktur >

Eine Objektstruktur besteht entweder aus einem Einzelobjekt oder aus einem Objekt mit seiner dazugehörigen Objektstrukturliste:

< Objektstruktur > ::= < Objekt > oder < Objekt > (<Objektstrukturliste>)

Beispiel (für Objektstrukturliste): `FossilEnerg (Kohle, Erdöl, Erdgas), Uran`

Ein Objekt(name) besteht aus maximal 16 alphanumerischen Zeichen, beginnend mit einem Buchstaben oder dem Zeichen ":" .

Beispiel: Der Befehl

```
RegenEnerg(Sonne,Wind,Wasser,Biomasse),
NregenEnerg(FossilEnerg(Kohle,Erdöl,Erdgas),Uran)
IS PrimEnerg.
```

generiert intern die in Abb. 2.1 gezeigte Objektstruktur.

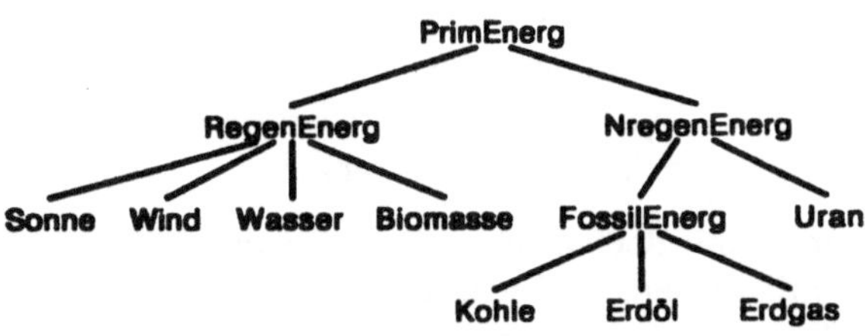

Abb. 2.1 Beispiel einer Objektstruktur (verschiedene Energieträger).

Semantik: 'RegenEnerg' (regenerative Energien) und 'NregenEnerg' (nicht-regenerative Energien) sind Teilklassen der Objektklasse 'PrimEnerg' (Primärenergie); 'Sonne', 'Wind', 'Wasser' und 'Biomasse' sind Teilklassen (oder Exemplare) von 'RegenEnerg' usw.

Die gleiche Objektstruktur könnte auch aufgebaut werden durch die Befehlsfolge

```
RegenEnerg,NregenEnerg IS PrimEnerg.
Sonne,Wind,Wasser,Biomasse is RegenEnerg.
FossilEnerg,Uran IS NregenEnerg.
Kohle,Erdöl,Erdgas IS FossilEnerg.
```

Man kann auf diese Weise - entweder durch Zusammenfassung zu neuen Oberklassen oder durch Ausdifferenzierung in weitere Teilklassen - sukzessive immer komplexere Objektstrukturen aufbauen. Die so entstehenden Objekthierarchien können (in der jetzigen Programmversion) bis zu 15 Hierarchieebenen haben (man sollte allerdings bedenken, daß sehr komplexe Objektstrukturen Rechenzeit kosten).

Nicht erlaubt sind reflexive Objektstrukturen (A is B. B is C. C is A.) sowie wiederholte Definitionen bereits definierter Objektbeziehungen. Das System zeigt dies durch eine entsprechende Fehlermeldung an.

Beispiel:

```
A is B. B is C. E(E1,E2,C) is A.
 OK:
 OK:
 ILLEGAL OBJECT STRUCTURE: REFLEXIVE DEFINITION
 OK:
delo all.
 OK:
Sonne,Wind,Biomasse is RegenEnerg.
 OK:
RegenEnerg(Wind) is Energ.
 MULTIPLE OBJECT DEFINITION: NOT ALLOWED
 OK:
RegenEnerg(Wasser) is Energ.
 OK:
RegenEnerg is Energ.
 MULTIPLE OBJECT DEFINITION: NOT ALLOWED
 OK:
```

Neben der expliziten Objektdefinition gibt es eine **implizite Objektdefinition**. Wird ein noch nicht definiertes Objekt in einer Implikation oder Prämisse (s.u.) benutzt, wird es in die interne Liste der Objekte übernommen.

Beginnt ein Objektname mit dem **Zeichen** ":", so ist das Objekt nicht als Klasse, sondern als **'Aggregat'** aufzufassen. Während eine Aussage, die für eine Klasse gilt, automatisch auch für ihre Teilklassen bzw. Exemplare gilt (dieser Übergang vom Allgemeinen zum Speziellen macht den eigentlichen Kern der Deduktion aus), gilt eine Aussage, die für ein Aggregat gilt, ja keineswegs ohne weiteres für seine Teile. Die

Aussage 'VrVerbrauch(:Energ,...)' z.B. bedeutet, daß sich der Verbrauch "von Energie" - in diesem ganz unpräzisen umgangssprachlichen Sinn - verringert, wobei nichts darüber ausgesagt ist, ob dies auch im strengen Sinn für alle Teilklassen von Energie (also für Kohle, Erdöl, Uran, Sonne usw.) zutrifft. Das Aggregat muß als Exemplar der entsprechenden Objektklasse definiert werden, also ':Energ' als Exemplar von 'Energ' z.B.:

```
:Energ, PrimEnerg, Endenerg IS Energ.
```

Damit wird zwar von der Klasse 'Energ' auch auf das Aggregat ':Energ' deduziert, nicht aber umgekehrt. Denn was z.B. streng von allen Energien gilt, gilt auch für 'Energie' im undeutlichen Sinn der Umgangssprache, aber nicht umgekehrt.

2.1.2 IF...THEN: Implikationen eingeben
CF : Gewißheitsfaktoren eingeben

Implikationen (IF-THEN-Relationen) dienen zur Eingabe von Konzepten, die einen Zusammenhang zwischen zwei oder mehreren Einzelaussagen ausdrücken.

IF <Prädikatenausdruck> THEN <Prädikatenliste> <CF> .

Wenn die Bedingungen der linken Seite erfüllt sind, gelten die Aussagen der rechten Seite mit der Gewißheit CF (bzw. 100, falls <CF> fehlt).

Ein **Prädikatenausdruck** (linke Seite) ist entweder ein atomarer Prädikatenausdruck oder entsteht aus solchen durch Verwendung der logischen Operatoren AND, OR und NOT sowie Klammerung. Klammern können unter Beachtung der Präzedenzreihenfolge NOT, AND, OR weggelassen werden.

<Prädikatenausdruck>	::=	<atomarer Prädikatenausdruck>
	oder	(<Prädik.ausdruck> AND <Prädik.ausdruck>)
	oder	(<Prädik.ausdruck> OR <Prädik.ausdruck>)
	oder	NOT (<Prädik.ausdruck>)
<atomarer Prädikatenausdruck>	::=	<Prädikat> (<Objekt 1>,..., <Objekt n>) mit n maximal 8

Die **Prädikatenliste** (rechte Seite) besteht aus einer Auflistung von einzelnen Literals, d.h. von einzelnen negierten und unnegierten atomaren Prädikatenausdrücken. Das bedeutet: im Gegensatz zum Prädikatenkalkül ist die **rechte Seite einer DEDUC-Implikation auf eine Konjunktion von Einzelaussagen beschränkt!**

<Prädikatenliste>	::=	<Literal> oder <Prädikatenliste>, <Literal>
<Literal>	::=	<atomarer Prädikatenausdruck> oder NOT <atomarer Prädikatenausduck>

Das **Prädikat** wird durch einen Prädikatnamen repräsentiert, für den maximal 16 alphanumerische Zeichen verwendet werden können. Das erste Zeichen muß ein Buchstabe sein.

Ein **Objekt** wird durch einen Objektnamen repräsentiert. Vor einem Objektnamen können verschiedene Symbole stehen, die eine entsprechende Verarbeitung veranlassen:

>	Existenzquantor	(∃ im Prädikatenkalkül)
&	Allquantor	(∀ im Prädikatenkalkül)
+	zum nächsten Zeitschritt	(in Verbindung mit Zeitobjekt)
++	zum übernächsten Zeitschritt	(in Verbindung mit Zeitobjekt)
#	für alle folgenden Zeitschritte	(in Verbindung mit Zeitobjekt)
#+	für alle auf den nächsten Zeitabschnitt folgenden Zeiten	
#++	für alle auf den übernächsten Zeitschritt folgenden Zeiten	

Im Unterschied zum Prädikatenkalkül stehen die Quantoren direkt vor den Objekten. Dies bedeutet, daß im Vergleich zur Prädikatenlogik nur **ein stark eingeschränkter Gebrauch von Existenz- und Allquantor** möglich ist: sie können sich immer nur auf ein einzelnes Prädikat, nicht aber auf einen (logisch zusammengesetzten) Prädikatenausdruck beziehen. Außerdem dürfen in einem atomaren Prädikatenausdruck entweder nur der >-Quantor oder nur der &-Quantor verwendet werden. Für die Formalisierung umgangssprachlicher Sätze im Zusammenhang von Entscheidungsvorgängen hat sich diese Einschränkung jedoch praktisch nicht als restriktiv erwiesen.

Der **Gewißheitsfaktor CF** ('certainty factor'), der nach einer Implikation stehen kann, gibt den Grad der subjektiven Gewißheit an, mit der die Implikation als zutreffend angenommen wird. Ein Gewißheitsfaktor von 100 besagt, daß die Implikation als ganz gewiß gilt, d.h. daß die Aussagen auf der rechten Seite der Implikation mit der gleichen Gewißheit (für das Entscheidungssubjekt) gelten wie die auf der linken Seite. Ein Gewißheitsfaktor von 50 besagt, daß die rechte Seite im Vergleich zur linken nur noch mit 'halber' Gewißheit als zutreffend eingestuft wird.

Bei einem Gewißheitsfaktor 0 liegen für das betreffende Entscheidungssubjekt überhaupt keine Anhaltspunkte dafür vor, ob ein solcher Zusammenhang existiert. Eine Implikation mit dem Gewißheitsfaktor 0 hat daher die gleiche Bedeutung wie eine gar nicht definierte Implikation.

Fehlt die Angabe eines Gewißheitsfaktors, so wird der Implikation vom System automatisch die Gewißheit 100 zugewiesen.

Beispiel:

```
IF   VrVerfügb(Gut,IndLandwest,Zeit)
AND  (VgNachfrage(Gut,IndLandwest,Zeit)
     OR NOT VrNachfrage(Gut,IndLandwest,Zeit))
THEN VgPreis(Gut,IndLandwest,Zeit),
     VgInvest(Gut,IndLandwest,Zeit) 90.
```

"**Wenn** *sich die Verfügbarkeit eines Gutes in einer westlichen Industrienation zu einer Zeit verringert*
und *sich dabei die Nachfrage nach dem Gut vergrößert*
oder *nicht verringert,*
dann *vergrößert sich der Preis dieses Gutes in dieser westlichen Industrienation, und es wird verstärkt in das Gut (zur Produktion dieses Gutes) investiert" (mit sehr hoher Gewißheit).*

Semantik: Sei $I(O_1,....,O_n)$ eine Implikation, die die Objektklassen, $O_1,....,O_n$ enthält. Dann hat $I(O_1,....,O_n)$ dieselbe Bedeutung wie der folgende Ausdruck der üblichen Prädikatenlogik:

$$\forall o_1 \in O_1 \; ... \; \forall o_n \in O_n. \; I(o_1,....,o_n)$$

So bedeutet z.B. die Implikation

```
IF knapp (Gut,Markt,Zeit) THEN VgPreis (Gut,Markt,Zeit).
```

$$\forall g \in Gut. \; \forall m \in Markt. \; \forall z \in Zeit. \; (knapp(g,m,z) \rightarrow VgPreis(g,m,z))$$

d.h. "für alle Güter, Märkte und Zeiten gilt: wenn ein Gut knapp wird, so vergrößert sich sein Preis".

Ist ein Objekt mit einem >- oder &-Quantor versehen, so erstreckt sich dessen Gültigkeitsbereich nur auf den Prädikatenausdruck, zu dem das Objekt gehört:

DEDUC Aussage (allgemein)	äquival. prädikatenlog. Ausdruck
$P(O_1,....,\&O_i,....,O_n)$	$\forall o_i \in O_i. \; P(O_1,....,o_i,....,O_n)$
$P(O_1,....,>O_i,....,O_n)$	$\exists o_i \in O_i. \; P(O_1,....,o_i,....,O_n)$
NOT $P(O_1,....,\&O_i,....,O_n)$	$\neg \forall o_i \in O_i. \; P(O_1,....,o_i,....,O_n)$
NOT $P(O_1,....,>O_i,....,O_n)$	$\neg \exists o_i \in O_i. \; P(O_1,....,o_i,....,O_n)$

Beispiel	**Bedeutung**
`VgPreis (&IndProdukt, BRD)`	es erhöht sich der Preis für **alle** Industrieprodukte in der BRD
`VgPreis (>IndProdukt, BRD)`	es erhöht sich der Preis für **irgendein** (einige) Industrieprodukt(e)...
`NOT VgPreis (&IndProdukt, BRD)`	es erhöht sich der Preis **nicht für alle** Industrieprodukte...(d.h. einige werden nicht teurer ...)

`NOT VgPreis (>IndProdukt, BRD)`	es erhöht sich der Preis für **kein** Industrieprodukt (d.h. alle werden nicht teurer)

Beispiel für eine Implikation mit Allquantor:

```
If VgVerbrauch (&Konsumgut,Land,Zeit) then VgSteuer (Land,Zeit).
```

Diese Implikation hat die Bedeutung des prädikatenlogischen Ausdrucks

$\forall$ `l` $\in$ `Land.` $\forall$ `z` $\in$ `Zeit. (`$\forall$ `k` $\in$ `Konsumgut. VgVerbrauch(k,l,z)` $\rightarrow$ `VgSteuer(l,z))`

"Für alle Länder und alle Zeiten gilt: Wenn sich der Verbrauch für alle Konsumgüter in einem Land zu einer Zeit erhöht, dann vergrößert sich das Steueraufkommen in dem Land zu der Zeit".

Achtung: Es ist wichtig, sich die semantische Definition der Implikation genau zu verdeutlichen. Vorsicht ist bei der Formulierung einer Implikation immer dann geboten, wenn ein Objekt nur auf einer Seite der Implikation vorkommt. Es ist zu prüfen, ob dieses Objekt mit einem >- oder einem &-Quantor zu versehen ist, damit die Implikation das ausdrückt, was sie ausdrücken soll.

Das **Zeichen +** kann vor dem Objekt 'Zeit' auf der rechten Seite einer Implikation stehen. Es bedeutet, daß die Folge (rechte Seite der Implikation) gegenüber der Ursache (linke Seite der Implikation) um eine Zeiteinheit der 'Zeitkette' (s. Befehl TIME) verschoben wird.

Beispiel:

```
IF   VgInvest(EnergSpar,Land,Zeit)
THEN VrVerbrauch(:Energ,Land,+Zeit).
```

"Wenn die Investitionen in Energiesparen zu einer Zeit in einem Land vergrößert werden, dann verringert sich der Verbrauch von Energie in der darauffolgenden Zeit ...".

Was 'darauffolgende Zeit' konkret heißt, ergibt sich aufgrund der zuvor definierten 'Zeitkette' (s. Befehl TIME). Angenommen die Zeitkette sei 'heute', 'naheZukunft', 'mittlZukunft', 'ferneZukunft' und die linke Seite der Implikation gelte für 'heute', so würde die Konklusion (rechte Seite der Implikation) für 'naheZukunft' gelten. Durch diesen Zeitverschiebungsmechanismus läßt sich in qualitativen DEDUC-Modellen ansatzweise eine Dynamisierung realisieren.

Analog bedeuten die **Zeichen + +** vor einem Zeitobjekt eine Zeitverschiebung um zwei Schritte in der Zeitkette.

Das **Zeichen #** vor einem Zeitobjekt auf der rechten Seite einer Implikation bedeutet "für diesen Zeitpunkt und alle nachfolgenden Zeitpunkte innerhalb der Zeitkette, d.h. **ab** diesem Zeitpunkt".

Beispiel: Für die Implikation

```
IF   Wärmedämmg(Wohnhaus,Zeit)
THEN GeringVerbrauch(WärmeEnerg,Wohnhaus,#Zeit).
```

"Wenn ein Wohnhaus wärmegedämmt wird zu einem Zeitpunkt, so hat es ab diesem Zeitpunkt einen geringeren Heizwärmebedarf".

und die Prämisse

```
prem Wärmedämmg(Wohnhaus,naheZukunft).
```

ergeben sich als Konklusionen:

```
6    2) CF:100  GeringVerbrauch(WärmeEnerg,Wohnhaus,naheZukunft)
6    3) CF:100  GeringVerbrauch(WärmeEnerg,Wohnhaus,mittlZukunft)
6    4) CF:100  GeringVerbrauch(WärmeEnerg,Wohnhaus,ferneZukunft)
6    5) CF:100  GeringVerbrauch(WärmeEnerg,Wohnhaus,#+ferneZukunft)
```

Die **Zeichen** #+ bzw. #++ vor einem Zeitobjekt auf der rechten Seite einer Implikation bedeuten "ab dem nächsten Zeitpunkt in der Zeitkette" bzw. "ab dem übernächsten Zeitpunkt in der Zeitkette".

2.1.3 PREM : Prämissen eingeben

Prämissendefinitionen dienen der Eingabe von Prämissen für die Deduktion.

PREM <Prämisse> <CF> ,..., <Prämisse> <CF> .

Eine Prämissendefinition besteht aus dem Schlüsselwort PREM, gefolgt von einer oder mehreren Prämissen. Eine Prämisse besteht aus einem negierten oder nichtnegierten atomaren Prädikatenausdruck (Literal). Man kann (je nach Objektzahl der Prämissen) bis zu 50 Prämissen auf einmal eingeben. Es empfiehlt sich aber, nach etwa 10 Prämissen mit PREM eine neue Definition zu beginnen.

Der Gewißheitsfaktor <CF> ist eine Zahl zwischen 0 und 100. Er gibt die (subjektive) Gewißheit an, mit der die Prämisse als wahr gelten soll. Fehlt eine Zahlenangabe, so bekommt die Prämisse automatisch den Gewißheitsfaktor 100.

Beispiel:

```
PREM NOT Ausbau(Kernenerg,&IndLand,heute),
     VgPreis(Energ,Land,naheZukunft) 90.
```

"Kernenergie wird heute nicht in allen Industrienationen ausgebaut (mit völliger Gewißheit), der Preis für alle Energie wird sich in allen Ländern in naher Zukunft (weiter) vergrößern (mit sehr hoher Gewißheit)".

Semantik: (ähnlich wie bei den Implikationen 2.1.2)
Sei $P(O_1,...,O_n)$ eine Prämisse, die die Objektklassen $O_1,...,O_n$ enthält. Dann hat $P(O_1,...,O_n)$ dieselbe Bedeutung wie der prädikatenlogische Ausdruck:

$$\forall\, o_1 \in O_1 \ldots \forall\, o_n \in O_n .\; P(o_1,\ldots,o_n)$$

Beispiel: Die DEDUC-Prämisse

```
VgPreis (Energ,Land,naheZukunft)
```

entspricht dem prädikatenlogischen Ausdruck

$$\forall\, e \in \text{Energ}.\; \forall\, l \in \text{Land}.\; \text{VgPreis}(e,l,\text{naheZukunft})$$

mit der umgangssprachlichen Bedeutung

"Für jede Energie und für alle Länder gilt: es erhöht sich der Preis für Energie in naher Zukunft".

Die Prämisse

```
NOT VgPreis (Energ,Land,naheZukunft)
```

ist in prädikatenlogischer Schreibweise

$$\forall\, e \in \text{Energ}.\; \forall\, l \in \text{Land}.\; \neg\, \text{VgPreis}(e,l,\text{naheZukunft})$$

und bedeutet:

"Für alle Länder und jede Energie gilt: es gibt keine Energiepreiserhöhung in naher Zukunft".

Enthält eine Prämisse einen >- oder &-Quantor, so ist sein Gültigkeitsbereich (sofern die Prämisse Objektklassen enthält) der allerinnerste. So bedeutet z.B.

```
NOT Ausbau (Kernenerg,&IndLand, Zeit)
```

dasselbe wie

$$\forall\, z \in \text{Zeit}.\; (\neg\, \forall\, i \in \text{IndLand}.\; \text{Ausbau}(\text{Kernenerg},i,z))$$

oder

$$\forall\, z \in \text{Zeit}.\; (\exists\, i \in \text{IndLand}.\; \neg\, \text{Ausbau}(\text{Kernenerg},i,z))$$

"Für alle Zeiten gilt: es werden nicht alle Industrienationen die Kernenergie ausbauen".

Analog gilt

```
NOT Ausbau (Kernenerg,>IndLand, Zeit)
```

$$\equiv \forall\, z \in \text{Zeit}.\; \neg\, \exists\, i \in \text{IndLand}.\; \text{Ausbau}(\text{Kernenerg},i,z)$$

$$\equiv \forall\, z \in \text{Zeit}.\; \forall\, i \in \text{IndLand}.\; \neg\, \text{Ausbau}(\text{Kernenerg},i,z)$$

≡ `NOT Ausbau (Kernenerg, IndLand, Zeit)`

Weiter gilt

(Ausbau (Kernenerg, &IndLand, Zeit)

$\equiv \forall$ z $\in$ Zeit. $\forall$ i $\in$ IndLand. Ausbau(Kernenerg,i,z)

$\equiv$ Ausbau (Kernenerg, IndLand, Zeit)

Schließlich gilt

Ausbau (Kernenerg, >IndLand, Zeit)

$\equiv \forall$ z $\in$ Zeit. $\exists$ i $\in$ IndLand. Ausbau(Kernenerg,i,z)

Die im Deduktionsprozeß erzeugten Konklusionen haben syntaktisch dieselbe Gestalt wie die Prämissen; sie sind auch semantisch wie diese zu interpretieren.

Anhaltspunkte für die Festlegung (und Interpretation) der **Gewißheitsfaktoren** für Implikationen und Prämissen liefert die folgende Skala:

100	völlig sicher, trifft voll zu
90	sehr hohe Gewißheit (es spricht fast alles dafür)
70	recht hohe Gewißheit (es spricht sehr viel dafür)
50	mittlere Gewißheit, vermutlich zutreffend (es spricht vieles dafür)
30	schwache Gewißheit (es spricht einiges dafür)
10	ganz geringe Gewißheit, kaum zutreffend (es spricht nur sehr wenig dafür)
0	kein Anhaltspunkt, völlig offen (es spricht überhaupt nichts dafür).

2.1.4 TIME : Zeitkette eingeben

Der **TIME-Befehl** dient der Definition von 'Zeitketten' für eine (ansatzweise) Dynamisierung der qualitativen DEDUC Modelle.

TIME. eröffnet einen Dialog in Frage-Antwort-Form, in dem der Benutzer zur Eingabe der Zeitkette durch sukzessive Eingabe von entsprechenden Zeitpunkten veranlaßt wird.

Die Zeitpunkte der Zeitkette müssen als Exemplare (nicht Teilklassen!) des Zeitobjekts definiert sein. Für die folgende Objektdefinition: 'Planzeit (heute, naheZukunft), Zukunft (naheZukunft, mittlZukunft, ferneZukunft) IS Zeit' wäre eine richtig definierte Zeitkette: heute, naheZukunft, mittlZukunft, ferneZukunft. Falsch wäre die Zeitkette: Planzeit, Zukunft.

Die Zeitkette ist Voraussetzung für die Verarbeitung von Implikationen, die ein Zeitobjekt mit dem Zeichen + bzw. # enthalten (s. IF...THEN Befehl). Die Eingabe wird durch FIN (finished; ohne Punkt!) oder F beendet.

Beispiel für die Eingabe der Zeitkette 'heute', 'nahe Zukunft', 'mittlere Zukunft', 'ferne Zukunft':

```
time.
 SPECIFY THE TIME CHAIN
 TIME  1 ?
heute
 TIME  2 ?
naheZukunft
 TIME  3 ?
mittlZukunft
 TIME  4 ?
ferneZukunft
 TIME  5 ?
fin
 OK:
```

Die Zeitkette kann durch den PRIT-Befehl ausgedruckt werden.

2.1.5 VALUE : Orientorenmenge definieren
SEV : Orientorenmenge auswählen

Der **VALUE-Befehl** dient der Eingabe der für die Evaluation (s. Befehl EVAL) erforderlichen maßgeblichen Orientoren und ihrer Gewichte und des sog. Prädikatenschlüssels.

VALUE <Nr.>. — stößt einen Dialog in Frage-Antwort-Form an, in dem der Benutzer zur Eingabe der für die Evaluation benötigten Daten veranlaßt wird. Es wird dadurch 'value set' <Nr.> definiert. Es können bis zu 5 verschiedene value sets definiert werden.

Zunächst gibt der Benutzer der Reihe nach die maßgebenden Orientoren und ihre Gewichte ein. Die Orientoren müssen zuvor als Objekte explizit oder implizit definiert sein (s. IS-Befehl). Als Orientorengewichte kommen im Normalfall ganze Zahlen zwischen 0 und 100 in Frage.

Der Benutzer kann als maßgebende Orientoren z.B. die Orientoren eines Niveaus der durch die Implikationen des Orientorenmoduls dargestellten Orientorenhierarchie eingeben. Wählt er die oberste Ebene, so bekommt er eine sehr abstrakte, aggregierte Bewertung; wählt er eine untere Ebene, so bekommt er eine relativ konkrete, differenzierte Bewertung.

Durch Eingabe von F(IN) wird die Festlegung der maßgebenden Werte beendet. Das System fragt dann: PREDICATE KEY? Der Benutzer hat das Prädikat bzw. den Prädikatenschlüssel einzugeben, das er auf dem von ihm ausgewählten Niveau der Wertehierarchie benutzt hat (z.B. BTR1 für die oberste Hierarchieebene) (vgl. 1.4.2).

Beispiel: Eingabe der Werte 'kulturelle Identität', 'Lebensstandard', 'Leistungsfähigkeit', 'humane Arbeit', 'Demokratie', 'ökologische Verträglichkeit', 'internationale Verträglichkeit', 'geringe Verwundbarkeit', 'Solidarität'.

```
value 1.
 SPECIFY THE VALUE SET  1 WITH WEIGHTS
 VALUE  1 ?
KultIdentität 30
 VALUE  2 ?
Lebensstandard 60
 VALUE  3 ?
Leistfähigk 70
 VALUE  4 ?
HumaneArbeit 80
 VALUE  5 ?
Demokratie 90
 VALUE  6 ?
ÖkologVertr 100
 VALUE  7 ?
IntnatVertr 80
 VALUE  8 ?
GerVerwundb 40
 VALUE  9 ?
Solidarität 90
 VALUE 10 ?
f
 PREDICATE KEY ?
btr
 OK:
```

Der **SEV-Befehl** (select values) wählt eine der Orientorenmengen (value sets) für die Bewertung mit den EVAL-Befehlen (s. 2.2.8) aus.

SEV <Nr.>.	wählt die Orientorenmenge <Nr.> für die Evaluation (s. 2.2.8) aus.

Durch PRIV <Nr.> können die Eingaben von VALUE <Nr.> ausgedruckt und durch CV <Nr.> geändert werden.

2.1.6 LF : Ladefaktoren eingeben

Der **LF-Befehl** dient der gezielten Eingabe von Ladefaktoren (load factor) für Implikationen des Orientorenmoduls (s. 1.4.2).

LF <load factor>.	ordnet der zuletzt eingegebenen Implikation den Ladefaktor <load factor> zu.

Der LF-Befehl kann nur in einem Orientormodul verwendet werden. Versehentlicher Gebrauch in einem Sachmodul (s. 1.4) wird vom System durch einen entsprechenden Hinweis angezeigt. Der Ladefaktor <load factor> muß zwischen -100 und +100 liegen. Implikationen, auf die kein LF Befehl folgt, erhalten automatisch den

Wert 100. Zweckmäßigerweise wird man den LF-Befehl unmittelbar an die jeweilige Implikation anhängen.

Der Ladefaktor ist ein grobes subjektives Maß für die Stärke des in der Implikation ausgedrückten Zusammenhangs. Dabei geht es stets um den Zusammenhang zwischen einem Sachverhalt und einem Orientor oder um den Zusammenhang zwischen Orientoren.

Für die Angabe des Ladefaktors gilt die Fragestellung: Wie stark ist der Orientor 'betroffen', wenn der entsprechende Sachverhalt bzw. Unterorientor 'voll erfüllt' ist bzw. 'voll betroffen' ist:

Beispiele:

```
if Aufhebung (Grundrechte, BRD, heute) then btr4 (Demokratie,...). LF -100.
```

"Bei Aufhebung der Grundrechte ... wäre der Orientor 'Demokratie' 'voll' negativ betroffen"

```
if Abbau (Grundrechte, BRD, heute) then btr4 (Demokratie,...). LF -50.
```

"Bei Abbau der Grundrechte ... wäre der Orientor 'Demokratie' mittelstark negativ betroffen".

```
IF BTR4 (ErhaltRess,...) THEN BTR3 (IntnatVertr,...). LF 70.
IF BTR4 (ErhaltRess,...) THEN BTR3 (ÖkologVertr,...). LF 20.
```

"Die volle Erfüllung des Orientors 'Erhaltung der Ressourcen' würde den Orientor 'Internationale Verträglichkeit' stark positiv betreffen; ... den Orientor 'ökologische Verträglichkeit' schwach positiv betreffen".

Anhaltspunkte für die Festlegung der **Ladefaktoren** gibt folgende Skala:

100	voll
90	sehr stark
70	stark
50	mittelstark
20	schwach
10	kaum
0	überhaupt nicht

2.1.7 AF : Betroffenheitsfaktoren eingeben

Der **AF-Befehl** dient der gezielten Eingabe von Betroffenheitsfaktoren (affectedness factor) für Prämissen in einem Orientorenmodul (s. 1.4.2).

AF <affectedness factor>. ordnet der zuletzt eingegebenen Prämisse eine Betroffenheit <affectedness factor> zu.

Der Betroffenheitsfaktor <a.f.> muß zwischen -100 und +100 liegen. Der AF-Befehl kann nur in einem Orientormodul benutzt werden. Versehentlicher Gebrauch in einem Sachmodul (s. 1.4) wird vom System angezeigt.

Folgt einer Prämisse kein AF-Befehl, erhält sie den Wert 100. Folgt ein AF-Befehl einer Prämissendefinition mit mehreren Prämissen (s. PREM 2.1.3), so gilt der Betroffenheitsfaktor nur für die letzte Prämisse. Will man allen Prämissen einen bestimmten Faktor zuweisen, muß man die Prämissen einzeln definieren; z.B. PREM BTR4 (ErhaltRess,...). AF -80. PREM BTR4 (RechtsSich,...). AF 30. usw. Bei einer größeren Menge von Prämissen liest man die Betroffenheitsfaktoren zweckmäßigerweise mit dem RAF-Befehl ein (s. 2.1.9).

Der Betroffenheitsfaktor kann sinnvollerweise nur bei einer Prämisse bzw. Konklusion stehen, die die Betroffenheit eines Orientors ausdrückt. Er ist ein grobes subjektives Maß für die 'Stärke' dieses Betroffenseins.

Als Anhaltspunkt für die Festlegung und Interpretation der Betroffenheitsfaktoren kann die für den Ladefaktor (LF 2.1.6) angegebene Skala dienen. Bestimmt man für die Verarbeitung der Betroffenheits- und Ladefaktoren die Sättigungsgrenze von 100 (vgl. 1.4.3 und CONCL-Befehl), so liegen die Betroffenheitsfaktoren, die sich für die Konklusionen ergeben, ebenfalls im Zahlenraum von -100 bis +100. Andernfalls kann dieser Zahlenraum überschritten werden. Solche Betroffenheitsfaktoren sind als 'übervolle' Betroffenheit zu interpretieren.

2.1.8 RF : Datei einlesen

Der **RF-Befehl** (read file) dient zum Einlesen von Daten von einer externen Datei.

RF <Datei-Nr.>.	veranlaßt das Einlesen der DEDUC-Datei DEDF. <Datei-Nr.>.

Mit DO YOU WANT TO SEE THE CONCEPTS READ? fragt das System zunächst, ob der Benutzer den Dateiinhalt am Bildschirm sehen möchte.

Zum Einlesen sind die Dateien DEDF.1,...,DEDF.9 vorgesehen. Es ist möglich, ganze Befehlsfolgen (mit den entsprechenden vom System abgefragten Antworten!) auf eine dieser Dateien zu schreiben. Ruft man diese mit RF <Datei-Nr.> auf, so wird diese Befehlsfolge abgearbeitet. Man kann von einer Datei aus mit RF oder RCF, RCFP, RLF, RAF, ROF (s. 2.1.9) auch auf andere Dateien zugreifen. Ist eine Datei abgearbeitet, geht das System auf die aufrufende Datei zurück und arbeitet diese weiter ab. Will man nur den ersten Teil einer Datei mit RF einlesen, fügt man an der entsprechenden Stelle in der Datei RF <Nr.> (mit <Nr.> > 11, z.B. RF 100.) ein. Man kann dann den Dialog auf dem Bildschirm fortsetzen.

Zusätzlich besteht die Möglichkeit, mit

RF 11. von irgendeiner anderen Datei Konzepte einzulesen. Das System fragt nach dem entsprechenden Dateinamen.

Diese Möglichkeit besteht analog auch für die übrigen Einlesebefehle (s. 2.1.9).

Mit RF 10 kann nicht eingelesen werden, da DEDF.10 für die Protokollierung reserviert ist (s. Befehle RECON, RECOFF).

Beispiel:

```
rf 1.
 DO YOU WANT TO SEE THE CONCEPTS READ ? (Y/N/BACK)
y
 OK:
 ! Beispielmodul!
 Planzeit(heute,naheZukunft),Zukunft(naheZukunft,mittlZukunft,
 ferneZukunft) IS Zeit.
 OK:
 USA,Japan,EuropAuslwest IS IndAuslwest.
 OK:
 EuropAuslwest,BRD IS Europawest.
 OK:
 UdSSR,Europaost IS COMECON.
 OK:
 IndAuslwest,COMECON IS IndAusl.
 OK:
 Europawest,Europaost IS Europa.
 OK:
 IndAuslwest,Europawest IS IndLandwest.
 OK:
 IndAusl,Europa,IndLandwest IS IndLand.
 OK:
 IndLand,DrittweltLand IS Land.
 OK:

 rf 8. y
 DO YOU WANT TO SEE THE CONCEPTS READ ? (Y/N/BACK)
 OK:
 !I1! if   VgProduktiv(Arbeit,IndLandwest,Zeit)
      and  WirtWachst(IndLandwest,Zeit)
      and  GrößWirk(WirtWachst,VgProduktiv,Arbeit,IndLandwest,Zeit)
      then VrArbeitlsk(IndLandwest,Zeit) 90.
 OK:
 !I2! if   not VgArbeittlg(IndLand,Planzeit)
      then not VgProduktiv(Arbeit,IndLand,Planzeit) 90.
 OK:
 !I3! if   VgProduktiv(Arbeit,IndLandwest,Zeit)
      and  not WirtWachst(IndLandwest,Zeit)
      then VgArbeitlsk(IndLandwest,Zeit).
 OK:
 !I4! if   VgArbeittlg(IndLand,Planzeit)
      then VgMonotonie(Arbeit,IndLand,Planzeit) 80.
 OK:
 !I5! if   VrArbeitlsk(Europawest,Zeit)
      then VgSozSicherh(Europawest,Zeit).
```

```
OK:
!I6! if   WirtWachst(IndLand,Planzeit)
     then VgAbfall(:Umweltschad,IndLand,Planzeit).
OK:
!I7! if   WirtWachst(IndLand,Planzeit)
     then VgZerstör(Umwelt,IndLand,Planzeit) 90.
OK:
!I8! if   WirtWachst(IndLand,Zeit)
     and  Abhängig(Ressourcen,IndLand,Zeit)
     then VgImportAbh(Ressourcen,IndLand,Zeit).
OK:
!I9! if   VrArbeitlsk(Land,Zeit)
     then VgWohlst(Land,Zeit) 90.
OK:
!I10! if   not WirtWachst(IndLandwest,Zeit)
      and  not VrArbeitzeit(IndLandwest,Zeit)
      then VgArbeitlsk(IndLandwest,Zeit).
OK:
!P1! prem VgProduktiv(Arbeit,Land,Zeit) 80,
!P2!      WirtWachst(Europa,Planzeit) 70,
!P3!      GrößWirk(WirtWachst,VgProduktiv,Arbeit,IndAusl,Zukunft) 20.
OK:

END OF RF. OK:
rf 100.
TYPE YOUR COMMANDS
OK:
```

2.1.9 RCF : Gewißheitsfaktoren für Implikationen einlesen
RCFP : Gewißheitsfaktoren für Prämissen einlesen
RLF : Ladefaktoren einlesen,
RAF : Betroffenheitsfaktoren einlesen
ROF : Schnittfaktoren einlesen

Diese Befehle dienen dem Einlesen der genannten Faktoren von Dateien sowie deren Zuordnung zu den entsprechenden Implikationen bzw. Prämissen eines Moduls. Wie beim RF-Befehl kommen hierfür die Dateien DEDF.1 ...DEDF.9 in Frage.

RCF <Datei-Nr.>, <Nr.>. liest die Gewißheitsfaktoren der Implikationen (s. 1.4.1), die sich auf Datei <Datei-Nr.> in der Faktoren-Spalte <Nr.> befinden, in einen Sachmodul ein.

RCFP <Datei-Nr.>, <Nr.>. liest die Gewißheitsfaktoren der Prämissen analog in einen Sach- oder Orientormodul ein.

RLF <Datei-Nr.>, <Nr.>. liest die Ladefaktoren (s. 1.4.3) der Implikationen analog in einen Orientormodul ein.

RAF <Datei-Nr.>, <Nr.>. liest die Betroffenheitsfaktoren (s. 1.4.3) der Prämissen analog in einen Orientormodul ein.

Die Dateien können bis zu 15 Spalten enthalten. Die ersten drei Spalten sind Kennnummern-Spalten, die 4. - 15. Spalte sind Faktorenspalten. Eine Datei kann also max. 12 verschiedene Faktorensätze aufnehmen. Die Spalten sind in FORTRAN I4-Format angelegt, zwischen ihnen befindet sich jeweils ein Leerzeichen.

Die erste Zeile der Datei besteht aus der Überschrift, die jeder Spalte ein Kennzeichen (max. 4 alphanumerische Zeichen) zuordnet.

Die zweite Zeile enthält die Zahl der folgenden Datenzeilen. Eine Datenzeile beginnt in der ersten Spalte mit der Nummer der Implikation bzw. Prämisse, denen der betreffende Faktor (aus einer der Faktorenspalten) zuzuordnen ist. Die zweite und dritte Spalte können weitere Kennummern enthalten (z.B. für Quellenangaben, Querbezüge zu irgendwelchen Arbeitslisten u.ä.).

Die Reihenfolge der Zeilen ist an sich beliebig, da sie durch die Nummern der ersten Spalte eindeutig identifizierbar sind. Für die praktische Arbeit empfiehlt sich die Reihenfolge, die derjenigen der Implikationen bzw. Prämissen entspricht.

Beispiel:

```
IMPL XXXX XXXX SET1 SET2 SET3 SET4 SET5
  12
   2           -100 -100  -80    0  -90
   4             60   50   30   20  -50
   5            -60   50   20   20  -80
   6            -50  -50   20  -80  -30
   7            -40  -40  -30   90  -70
   9            -20  -80  -60  -60  -70
  10             10   10   20   20  -60
  12           -100  -90  -70  -30  -60
  13             90   90   70   80- 100
  14             90   90  -80   50  -10
  15           -100  -80   90   40  -50
```

Mit Hilfe der vorstehenden Befehle können aus einem Basismodul durch Einlesen spezifischer Faktoren (wobei einige Faktoren 0 sein können) spezifische (individuelle oder gruppenspezifische) Module als Repräsentationen des Konzeptsystems verschiedener Akteure erzeugt werden.

In einer Datei können unterschiedliche Faktorentypen stehen, z.B. in der 4. - 6. Spalte Sätze von Gewißheitsfaktoren für Implikationen, in der 7. und 8. Spalte Sätze von Gewißheitsfaktoren für Prämissen usw.

ROF <Datei-Nr.>. liest die Schnittfaktoren ROF für die Sach-Wert-Implikationen eines Orientormoduls ein (s. 1.4.3).

Die Datei enthält drei Spalten (im FORTRAN I4-Format mit jeweils einem Leerzeichen dazwischen).

Die erste Zeile enthält die Überschrift mit Kennzeichnung der Spalten (max. 4 alphanumerische Zeichen). Die zweite Zeile enthält die Zahl der nachfolgenden Datenzeilen (Zahl der Schnittfaktoren). Die ersten beiden Spalten der Datenzeilen enthalten die Nummern der Implikationen, zwischen denen Abhängigkeit bezüglich des betreffenden Orientors (auf den die beiden Implikationen abbilden) besteht. In der dritten Spalte steht der Schnittfaktor als Maß für die Abhängigkeit (in Prozent).

Beispiel:

```
IMP1 IMP2 SCHF
   4
   2    4   60
   2    5   30
   8    9   50
  10   17   50
```

Man kann die Schnittfaktoren auch an die Daten anhängen, die in einen Orientormodul einzulesen sind (Ladefaktoren für Implikationen; Betroffenheits- und Gewißheitsfaktoren für Prämissen). Mit dem entsprechenden RLF-Befehl werden dann die Schnittfaktoren gleichzeitig miteingelesen.

2.2 Arbeitsbefehle

2.2.0 RECON : Protokoll an
RECOFF : Protokoll aus

RECON und **RECOFF** (record on, record off) dienen dem Protokollieren von Dialogteilen.

RECON.	Protokoll an: Der gesamte nachfolgende Dialog (Benutzereingabe und Systemausgabe) wird auf Datei DEDF.10 gespeichert.
RECOFF.	Protokoll aus.

Man kann die Protokollierung während einer DEDUC-Benutzung (auch innerhalb verschiedener Moduln) beliebig oft an- und ausschalten. Die einzelnen Protokollstücke werden sukzessive auf DEDF.10 gespeichert. Wird das Programm verlassen, so steht jetzt das Protokoll auf DEDF.10 zur weiteren Textverarbeitung und zum Ausdrucken zur Verfügung. Bei der nächsten DEDUC-Benutzung beginnt die Protokollierung wieder am Anfang von DEDF.10.

Liest man mit einem der Befehle von 2.1.9 unter Protokollierung ein, so werden die eingelesenen Faktoren auf DEDF.10 geschrieben. Man kann auf diese Weise kontrollieren, ob die Faktoren korrekt eingelesen worden sind.

2.2.1 CONCL : Konklusionen erzeugen

Der **CONCL-Befehl** (conclusion) stößt den Schlußfolgerungsprozeß an, mit dem - nach Eingabe von entsprechenden Datenstrukturen (Objektstrukturen, Implikationen, Prämissen) - Konklusionen aus der Datenbasis gezogen werden können. Dieser Befehl bildet das Herzstück des gesamten Programms.

CONCL.	Dieser Befehl veranlaßt die Ausführung des Konklusionsprozesses und die Ausgabe aller erzeugten Konklusionen.

Jede Konklusion wird mit Nummer (fortlaufende Nummer der Prämissen/Konklusions-Liste), Gewißheitsfaktor (CF, s. 2.1.3)) und - falls es sich um einen Orientormodul handelt - Betroffenheitsfaktor (AF, s. 2.1.7) ausgegeben.

Die Konklusionen werden zudem jeweils mit der laufenden Nummer der Implikation ausgegeben (die erste Zahl links), aufgrund derer die Konklusion erzeugt wurde. Dies ersetzt in den meisten Fällen das rücklaufende Aufschlüsseln des Konklusionsprozesses mit Hilfe des HOW-Befehls.

Beispiel für einen Schlußfolgerungsprozeß (mit der Wissensbasis des Beispiels zu 2.1.8). Das Beispiel entspricht der stark durchgezogenen Linie in Abb. 2.2.

```
concl.
 CONCLUSION INTERRUPT AFTER HOW MANY MINUTES ?
3
 CUTOFF AT WHICH CERTAINTY FACTOR ?
10
 DEDUCTION IN MODUS PONENS ONLY ? (Y/N)
n
    1    4) CF: 18  VrArbeitlsk(EuropAuslwest,naheZukunft)
    5    5) CF: 72  VgArbeittlg(IndLand,Planzeit)
   14    6) CF: 70  VgAbfall(:Umweltschad,Europa,Planzeit)
   16    7) CF: 63  VgZerstör(Umwelt,Europa,Planzeit)
   12    8) CF: 18  VgSozSicherh(EuropAuslwest,naheZukunft)
   21    9) CF: 16  VgWohlst(EuropAuslwest,naheZukunft)
   10   10) CF: 57  VgMonotonie(Arbeit,IndLand,Planzeit)
 DELETE THE CONCLUSIONS (1) ? (Y/N)
n
 PREMISES AND CONCLUSIONS STORED. YOU MAY ADD SOME PREMISES
 DEFINITION OF ANY OF FOLLOWING PREDICATES COULD YIELD SOME MORE
 CONCLUSIONS:
     3..VgArbeitlsk(IndLandwest,Zeit)
     3..VgArbeitlsk(IndLandwest,Zeit)
     8..Abhängig(Ressourcen,IndLand,Zeit)
     8..VgImportAbh(Ressourcen,IndLand,Zeit)
    10..VrArbeitzeit(IndLandwest,Zeit)
    10..VgArbeitlsk(IndLandwest,Zeit)
 IMPL.: 10    PREM.: 3    CONCL.:   7
*** CONCL.TIME   31.20 SECONDS
 OK:
```

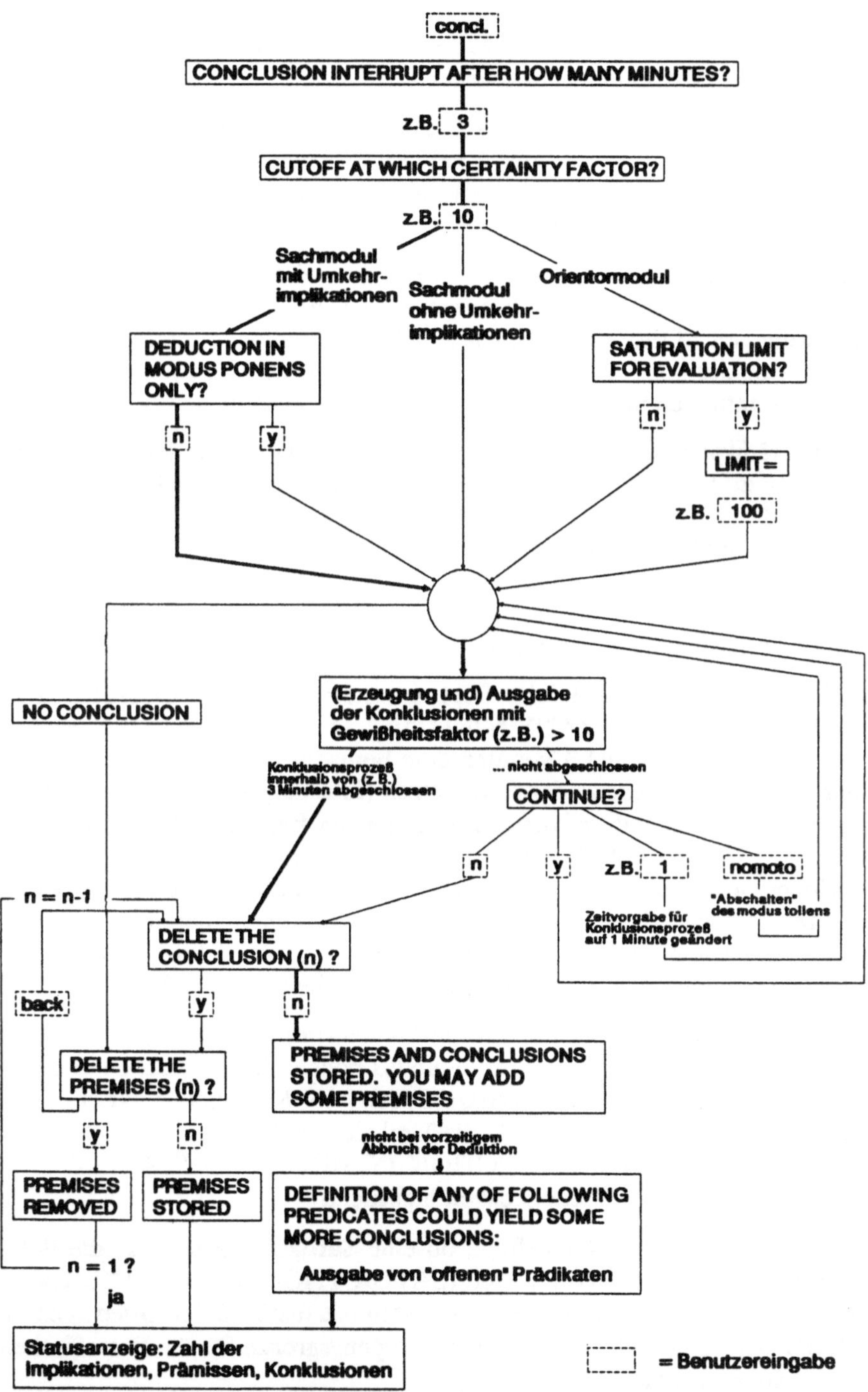

Abb. 2.2 Ablauf des Konklusionsprozesses.

Oft interessiert nur eine bestimmte Menge von Konklusionen. Entsprechende Objekte können im CONCL-Befehl angegeben werden:

CONCL <Objekt 1> ,..., <Objekt n>. Dieser Befehl veranlaßt die Ausführung des Konklusionsprozesses und die selektive Ausgabe des Konklusionsergebnisses (wobei n maximal 8).

Der Befehl wirkt ganz analog zu CONCL mit dem einzigen Unterschied, daß nicht alle generierten Konklusionen auch ausgegeben werden, sondern bei der Ausgabe eine Selektion gemäß den angegebenen Objektspezifikationen erfolgt: es werden nur diejenigen Konklusionen ausgegeben, die alle Objekt(klassen) <Objekt 1> ,..., <Objekt n> enthalten bzw. auf diese reduziert werden können.

Bei einem Prädikatenkonflikt (s.u.) wird die Konklusion aber in jedem Fall ausgegeben. Dabei ist zu beachten, daß der Konflikthinweis auf eine Konklusion Bezug nehmen kann, die aufgrund der vorliegenden Objektspezifikation nicht ausgegeben wurde (diese Konklusion kann man sich nach Ausführung des CONCL-Befehls z.B. mit Hilfe des PRIP-Befehls ansehen).

Erläuterung des Deduktionsvorgangs

Nach Eingabe des CONCL-Befehls fragt das System zunächst CONCLUSION INTERRUPT AFTER HOW MANY MINUTES?. Die Eingabe von z.B. 3 bewirkt, daß das System nach (frühestens) 3 Minuten dem Benutzer die Möglichkeit gibt, den Deduktionsprozeß abzubrechen oder fortzusetzen (falls der Deduktionsprozeß nicht bereits vorher zum Abschluß gekommen ist). Danach fragt das System mit CUTOFF AT WHICH CERTAINTY FACTOR? nach der **Gewißheitsgrenze**, unterhalb derer Konklusionen nicht mehr berücksichtigt werden sollen. Der Benutzer kann eine ganze Zahl zwischen 0 und 100 eingeben: Konklusionen, deren Gewißheit nicht größer ist als die eingegebene Zahl, werden nicht berücksichtigt, d.h. der Deduktionsprozeß wird unterhalb einer bestimmten Gewißheit abgeschnitten.

Handelt es sich um einen Sachmodul mit **Umkehrimplikationen** (s. 1.3.2), so kann der Benutzer zwischen Deduktion nur in modus ponens und Deduktion in modus ponens und modus tollens wählen (DEDUCTION IN MODUS PONENS ONLY?). Wurden bei der Bildung des Moduls die Umkehrimplikationen gar nicht erst generiert (indem dort die Frage DEDUCTION IN MODUS PONENS ONLY? bejaht wurde), so besteht diese Wahlmöglichkeit hier nicht.

Im Orientormodul wird weiter gefragt, ob eine **Sättigungsgrenze für die Betroffenheitsfaktoren** eingeführt werden soll (SATURATION LIMIT FOR EVALUATION?). Bei Verneinung werden die Betroffenheitsfaktoren der Orientoren einfach addiert, bei Bejahung und Eingabe einer Sättigungsgrenze für die Betroffenheitsfaktoren 'mit Sättigung addiert' (s.1.4.3).

Jede neu generierte Konklusion wird, bevor sie in die interne Konklusionsliste übernommen und ausgegeben wird, einem **Vergleich mit den bereits vorhandenen Konklusionen** unterzogen. Innerhalb eines **Sachmoduls** (s.1.4) gilt dabei folgendes (vgl. Prüfung einer neu generierten Konklusion in Abb. 2.3): Eine Konklusion wird nur dann in die Konklusionsliste übernommen und ausgegeben, wenn sie nicht bereits mit einer vorhandenen Konklusion mit gleicher oder größerer Gewißheit identisch oder in dieser enthalten ist. Nur dann bietet sie - im Hinblick auf die Extension ihrer Objekte oder aufgrund höherer Gewißheit - eine zusätzliche Information. Umfaßt die neue Konklusion sogar eine vorhandene, indem die Objektextension der neuen die der vorhandenen echt umschließt und die Gewißheit der neuen mindestens so groß ist wie die der vorhandenen oder bei identischer Objektextension größer ist als die der vorhandenen, so wird die vorhandene aus der Konklusionsliste gelöscht. Die neue Konklusion enthält alle Information der gelöschten und mehr.

Anmerkung: Die Gewißheitsfaktoren werden also hier nach demselben Prinzip behandelt, das auch der Verarbeitung der Gewißheitsfaktoren innerhalb einer Implikation zugrundeliegt (vgl. 1.4.1). Das Zusammenlaufen verschiedener Implikationsketten auf dieselbe Konklusion entspricht im Prinzip der OR-Verknüpfung innerhalb einer Implikation (d.h., z.B. die beiden Implikationen IF A THEN C und IF B THEN C entsprechen der Implikation IF A OR B THEN C). Hier wie da können unterschiedliche Bedingungen, die zur gleichen Konsequenz führen, gleichzeitig erfüllt sein. Ergibt sich dabei die Konsequenz mit unterschiedlichen Gewißheiten, so wird das Maximum der Gewißheiten als maßgebend angesehen.

Achtung! Es kann passieren, daß eine während des Konklusionsvorgangs ausgegebene Konklusion nach Abschluß desselben nicht mehr vorhanden ist (d.h. nicht mehr für PRIP-Befehl und PRIC-Befehl verfügbar ist), weil sie von einer später generierten umfassenderen Konklusion gelöscht worden ist. Es besteht allerdings noch die Möglichkeit, die Entstehung der inzwischen gelöschten Konklusion mittels HOW-Befehl abzufragen. Bezieht sich eine Information, die der HOW-Befehl liefert, auf eine solche gelöschte Konklusion, so wird der Hinweis gegeben: CONCLUSION INCLUDED IN A GREATER ONE.

Prädikatenkonflikt: Steht eine Konklusion im Widerspruch zu einer Prämisse oder einer zuvor generierten Konklusion, so gibt das System den Hinweis PREDICATE CONFLICT WITH STATEMENT(S) <Nr.1> , <Nr.2> ,... . Ein Prädikatenkonflikt liegt vor, wenn zwei Aussagen dasselbe Prädikat - einmal negiert, einmal unnegiert - enthalten, und die beiden zugehörigen Objekttupel an allen Positionen einen nichtleeren Durchschnitt haben (z.B. 'Knapp (Energ, IndLand,heute)' und 'NOT Knapp (Kohle,BRD,heute)' oder 'Knapp (Energ, IndLand,heute)' und 'NOT Knapp (&Energ,BRD,heute)').

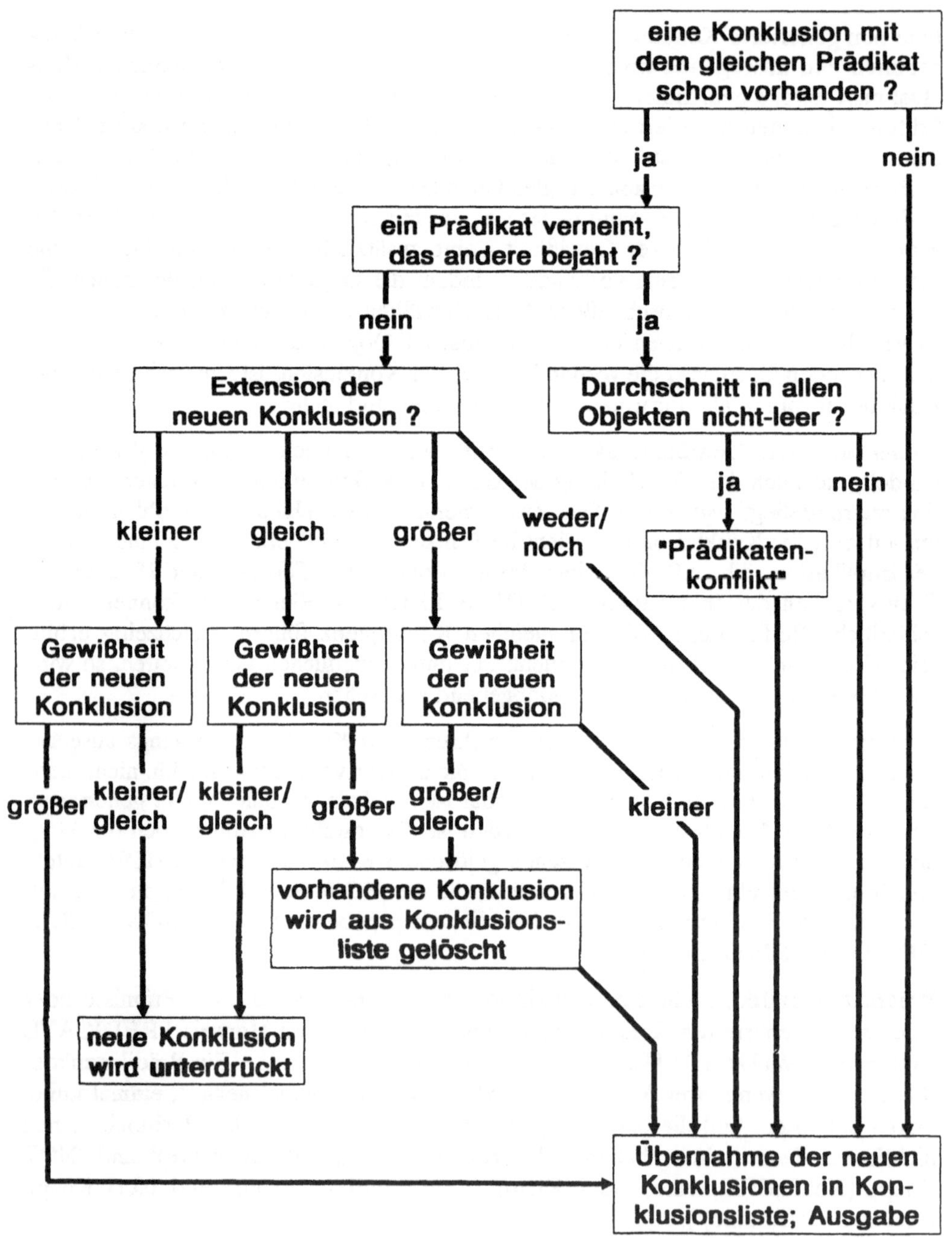

Abb. 2.3 Struktur des internen Prüfvorgangs vor Übernahme einer neuen Konklusion in die Konklusionsliste.

Innerhalb eines **Orientormoduls** (vgl. 1.4) werden bei den Konklusionen auch die Betroffenheitsfaktoren (affectedness factor; AF-Befehl) von Orientoren zusammen mit den jeweiligen Gewißheitsfaktoren angegeben, wie sie sich aufgrund der im Sachmodul generierten Konsequenzen ergeben haben. Jede neue Konklusion wird daraufhin geprüft, ob nicht derselbe Orientor durch eine bereits vorhandene Konklusion betroffen ist. Findet sich eine solche Konklusion, werden die beiden Betroffenheitsfaktoren addiert. Dem Ergebnis wird der jeweils niedrigere Gewißheitsfaktor zugeordnet (vgl.1.4.3). Dabei können zwei Fälle auftreten:

(1) Die bereits vorhandene Konklusion ist in der Gewißheit gleich oder kleiner als die neue: Die vorhandene Konklusion bekommt als neuen Betroffenheitsfaktor den Wert, der sich aus der Addition der beiden Betroffenheitsfaktoren ergibt.

(2) Die neue Konklusion besitzt eine geringere Gewißheit als die bereits vorhandene: In diesem Fall bekommt die neue Konklusion den addierten Betroffenheitsfaktor.

Achtung! Die während des Deduktionsvorgangs nacheinander ausgegebenen Konklusionen stellen also noch nicht das Endergebnis dar, sondern liefern nur eine Art Zwischenbericht der Bewertung. Die Betroffenheitsfaktoren können sich im Laufe der weiteren Konzeptverarbeitung noch vergrößern, wenn dieselben Orientoren noch über andere Implikationen betroffen werden.

Beispiel: Es werde während des Deduktionsprozesses ausgegeben

```
115) CF: 50  AF: -30 BTR1 (GESUNDH,...)
```

Später werde generiert

```
140) CF: 70  AF: -25 BTR1 (GESUNDH,...)
```

Dann wird 115) intern geändert zu

```
     CF: 50  AF: -55 BTR1 (GESUNDH,...)
```

Angenommen, es werde weiterhin generiert

```
182) CF: 90  AF: -10 BTR1 (GESUNDH,...)
```

Dann wird 115) intern geändert zu

```
     CF: 50  AF: -65 BTR1 (GESUNDH,...)
```

und 140) zu

```
     CF: 70  AF: -35 BTR1 (GESUNDH,...)
```

Nach Abschluß des Konklusionsprozesses würde z.B. der Befehl PRIP 115 liefern:

```
115) CF:50  AF: -65 BTR1 (GESUNDH,...)
```

Der HOW-Befehl gibt Aufschluß darüber, wie diese Endfassung der Konklusion entstanden ist.

Steuerung der Konklusionsausgabe: Während des Deduktionsvorgangs hat der Benutzer nach der Frage "CONTINUE?" die Möglichkeit, den Deduktionsprozeß abzubrechen: Bei Eingabe von **YES** wird der Deduktionsprozeß fortgesetzt, bei **NO** abgebrochen.

Daneben gibt es Eingabemöglichkeiten, mit denen man die Modalitäten des Vorgangs verändern kann: Eingabe von **NOMOTO** führt zum 'Abschalten' des modus tollens, d.h. alle nunmehr folgenden Konklusionen basieren allein auf dem modus ponens. Bei Eingabe einer Integerzahl wird diese als neue Minutenvorgabe für den Deduktionsprozeß angesehen (s.o.).

Bei vorzeitigem Abbruch des Deduktionsprozesses (Eingabe NO), oder wenn alle möglichen Konklusionen generiert sind, fragt das System DELETE THE CONCLUSIONS (n) ? (n kann dabei eine Zahl aus 1,2,...,10 sein, je nachdem wie viele Stufen der Konklusionsprozeß besitzt; s.u.). Werden die Konklusionen nicht gelöscht (Eingabe NO), so meldet das System PREMISES AND CONCLUSIONS STORED. YOU MAY ADD SOME PREMISES. In diesem Fall kann der Konklusionsprozeß nach Eingabe zusätzlicher Prämissen fortgesetzt werden. Der Deduktionsmechanismus versucht, auf der Grundlage der erweiterten Prämissenmenge zusätzliche Konklusionen zu generieren. Auf diese Weise können z.B. bei der Szenarioentwicklung die Auswirkungen zusätzlicher Maßnahmen und/oder Randbedingungen gesondert ermittelt werden.

Gibt man nach Abschluß eines Deduktionsprozesses wiederholt zusätzliche Prämissen ein, so kann man einen **mehrstufigen Konklusionsprozeß** aufbauen, der aus mehreren Stufen von Prämissen und zugehörigen Konklusionen besteht (bis zu 10 Stufen). Mittels der Befehle PRIP und PRIC lassen sich im Anschluß an den Konklusionsprozeß die einzelnen Stufen gesondert ausgeben.

Löscht man die Konklusionen (Eingabe: YES) folgt die Frage DELETE THE PREMISES (n) ?. Dieselbe Frage erscheint zusammen mit dem Hinweis NO CONCLUSION, wenn aufgrund der vorliegenden Konzepte überhaupt keine (neuen) Konklusionen gezogen werden konnten. Bei Bejahung fährt das System fort mit PREMISES REMOVED. DELETE THE CONCLUSIONS (n-1) ? bzw. falls es sich in der ersten Stufe des Konklusionsprozesses befindet (n = l), mit PREMISES REMOVED. Bei Verneinung meldet das System PREMISES STORED.

Wenn man also nach Abschluß einer Konklusionsstufe beide Systemfragen (DELETE THE CONCLUSIONS (n) ? und DELETE THE PREMISES (n) ?) bejaht, hat man eine Stufe des Konklusionsprozesses abgebaut. Man kann beliebig Stufen abbauen und neue Stufen durch die Eingabe von Prämissen und die Ausführung des CONCL-Befehls hinzufügen.

Die 'tracing' Information für den HOW-Befehl (s. 2.2.3) bezieht sich stets auf den ganzen Konklusionsprozeß. Sobald jedoch Prämissen bzw. Konklusionen mittels DELP-Befehl gelöscht werden, gilt der Konklusionsprozeß als abgeschlossen. Alle vorhandenen Aussagen (Prämissen und Konklusionen) werden in ihrer Gesamtheit als Prämissenmenge für einen neuen Konklusionsprozeß aufgefaßt. Der HOW-Befehl gibt keinen Aufschluß mehr über die Entstehung dieser Aussagen.

Für die **zusätzliche Definition von Prämissen** (als zusätzlicher Maßnahmen und/oder Randbedingungen eines Szenarios) bietet das System eine gewisse Hilfe: Mit dem Hinweis DEFINITION OF ANY OF FOLLOWING PREDICATES COULD YIELD SOME MORE CONCLUSIONS: werden diejenigen Prädikatenaussagen (zusammen mit den Nummern der Implikationen, in denen sie vorkommen) aufgelistet, die jeweils beim Bewahrheitungsversuch einer Implikation (vgl. auch Abb. 3.4) als einzige von mindestens zweien 'offengeblieben' sind, d.h. für die es unter den Prämissen bzw. generierten Konklusionen keine passenden Aussagen gab. Bei einem mehrstufigen Konklusionsprozeß (s. nächstes Beispiel) werden nur die bei der Implikationsverarbeitung der jeweiligen Stufe 'offengebliebenen' Prädikatenaussagen angegeben.

Beispiel für einen mehrstufigen Konklusionsprozeß:

1. Stufe

```
prem  VgProduktiv(Arbeit,Land,Zeit) 80,
      WirtWachst(Europa,Planzeit) 70.

concl.
 CONCLUSION INTERRUPT AFTER HOW MANY MINUTES ?
1
 CUTOFF AT WHICH CERTAINTY FACTOR ?
0
 DEDUCTION IN MODUS PONENS ONLY ? (Y/N)
n
   5    3) CF: 72  VgArbeittlg(IndLand,Planzeit)
  14    4) CF: 70  VgAbfall(:Umweltschad,Europa,Planzeit)
  16    5) CF: 63  VgZerstör(Umwelt,Europa,Planzeit)
  10    6) CF: 57  VgMonotonie(Arbeit,IndLand,Planzeit)
 DELETE THE CONCLUSIONS (1) ? (Y/N)
n
 PREMISES AND CONCLUSIONS STORED. YOU MAY ADD SOME PREMISES
 DEFINITION OF ANY OF FOLLOWING PREDICATES COULD YIELD SOME MORE
 CONCLUSIONS:
     1..GrößWirk(WirtWachst,VgProduktiv,Arbeit,IndLandwest,Zeit)
     1..VrArbeitlsk(IndLandwest,Zeit)
     3..VgArbeitlsk(IndLandwest,Zeit)
     3..VgArbeitlsk(IndLandwest,Zeit)
     8..Abhängig(Ressourcen,IndLand,Zeit)
     8..VgImportAbh(Ressourcen,IndLand,Zeit)
    10..VrArbeitzeit(IndLandwest,Zeit)
    10..VgArbeitlsk(IndLandwest,Zeit)
 IMPL.:  10     PREM.:  2     CONCL.:   4
*** CONCL.TIME   12.42 SECONDS
 OK:
```

2. Stufe

```
prem GrößWirk(WirtWachst,VgProduktiv,Arbeit,IndAusl,Zukunft) 20.
 OK:

concl.
 CONCLUSION INTERRUPT AFTER HOW MANY MINUTES ?
1
 CUTOFF AT WHICH CERTAINTY FACTOR ?
0
 DEDUCTION IN MODUS PONENS ONLY ? (Y/N)
y
    1    8) CF: 18  VrArbeitlsk(EuropAuslwest,naheZukunft)
   12    9) CF: 18  VgSozSicherh(EuropAuslwest,naheZukunft)
   21   10) CF: 16  VgWohlst(EuropAuslwest,naheZukunft)
 DELETE THE CONCLUSIONS (2) ? (Y/N)
n
 PREMISES AND CONCLUSIONS STORED. YOU MAY ADD SOME PREMISES
 IMPL.:  10     PREM.:  1     CONCL.:   3
*** CONCL.TIME    6.64 SECONDS
 OK:

prip.
 PREMISES (1) :
 P  1) CF: 80  VgProduktiv(Arbeit,Land,Zeit)
 P  2) CF: 70  WirtWachst(Europa,Planzeit)

 PREMISES (2) :
 P  7) CF: 20  GrößWirk(WirtWachst,VgProduktiv,Arbeit,IndAusl,Zukunft)
 OK:

pric.
 CONCLUSIONS (1) :
    3) CF: 72  VgArbeittlg(IndLand,Planzeit)
    4) CF: 70  VgAbfall(:Umweltschad,Europa,Planzeit)
    5) CF: 63  VgZerstör(Umwelt,Europa,Planzeit)
    6) CF: 57  VgMonotonie(Arbeit,IndLand,Planzeit)

 CONCLUSIONS (2) :
    8) CF: 18  VrArbeitlsk(EuropAuslwest,naheZukunft)
    9) CF: 18  VgSozSicherh(EuropAuslwest,naheZukunft)
   10) CF: 16  VgWohlst(EuropAuslwest,naheZukunft)
 OK:
```

Zusammenfassung der Selektionsmöglichkeiten bei der Schlußfolgerung

Insgesamt bietet DEDUC die Möglichkeit, die im Konklusionsprozeß generierten Informationen nach drei verschiedenen Gesichtspunkten zu selektieren:

(1) nach **Objekten bzw. Objektklassen**, für die die Konklusionen gelten
- zunächst durch die Objektspezifikation des CONCL-Befehls
- dann (in beliebiger Wiederholung) durch den Befehl PRIPSO <Objektliste> (s. 2.3.5)

(2) nach **Prädikaten** durch den Befehl PRIP <Prädikat> (s. 2.3.5)

(3) nach der **Gewißheit**

- durch Spezifizierung eines Gewißheitsfaktors zu Beginn des Konklusionsprozesses, wodurch man nur diejenigen Konklusionen erhält, deren Gewißheit über dieser Größe liegt
- durch den Befehl PRIPCF <CF1>,<CF2> für die Ausgabe von Aussagen in einem bestimmten Gewißheitsbereich (s. 2.3.5).

Mit Hilfe des SE-Befehls (s. 2.3.9) kann man (1) und (2) kombinieren.

2.2.2 IMP : verwendete Implikationen angeben
NIMP : nicht verwendete Implikationen angeben

Die **IMP-, NIMP-Befehle** (implications used bzw. not used) helfen bei der Analyse eines Konklusionsprozesses.

Im Anschluß an einen Konklusionsprozeß CONCL liefert

IMP. die Nummern aller für das Deduktionsergebnis benutzten Implikationen

NIMP. die Nummern der nicht benutzten Implikationen des vorliegenden Moduls.

Diese Befehle sind insbesondere bei der Erstellung eines Moduls hilfreich.

2.2.3 HOW : Konklusionen erläutern

Mit dem **HOW-Befehl** lassen sich die Konklusionsergebnisse rücklaufend erläutern.

HOW <Nr.>. erläutert, wie die Konklusion <Nr.> entstanden ist. Der Befehl bewirkt die Ausgabe der Implikation (mit Implikations-Nr.) und der Prämisse(n) bzw. Konklusion(en) (mit Nummer), deren Verarbeitung zur Konklusion mit der Nummer <Nr.> geführt hat.

Mit Hilfe dieses Befehls kann man sich den Deduktionsprozeß - sukzessive rücklaufend - durchsichtig machen.

Beispiel im Sachmodul (vgl. Deduktionsbeispiel unter 2.2.1)

```
pric.
 CONCLUSIONS (1) :
    4) CF: 18  VrArbeitlsk(EuropAuslwest,naheZukunft)
    5) CF: 72  VgArbeittlg(IndLand,Planzeit)
    6) CF: 70  VgAbfall(:Umweltschad,Europa,Planzeit)
    7) CF: 63  VgZerstör(Umwelt,Europa,Planzeit)
    8) CF: 18  VgSozSicherh(EuropAuslwest,naheZukunft)
    9) CF: 16  VgWohlst(EuropAuslwest,naheZukunft)
   10) CF: 57  VgMonotonie(Arbeit,IndLand,Planzeit)
 OK:
```

```
how 8.
    5) CF:100  VrArbeitlsk(Europawest,Zeit)
             --VgSozSicherh(Europawest,Zeit)
    4) CF: 18  VrArbeitlsk(EuropAuslwest,naheZukunft)
OK:

how 4.
    1) CF: 90  ((VgProduktiv(Arbeit,IndLandwest,Zeit)
               AND WirtWachst(IndLandwest,Zeit)) AND
               GrößWirk(WirtWachst,VgProduktiv,Arbeit,IndLandwest,Zeit))
             --VrArbeitlsk(IndLandwest,Zeit)
 P  1) CF: 80  VgProduktiv(Arbeit,Land,Zeit)
 P  2) CF: 70  WirtWachst(Europa,Planzeit)
 P  3) CF: 20  GrößWirk(WirtWachst,VgProduktiv,Arbeit,IndAusl,Zukunft)
OK:
```

Beispiel im Orientormodul (vgl. Abb. 1.4)

```
pric GESUNDH.
  85) CF: 90  AF: -14  BTR1(GESUNDH,HEUTE)
  86) CF: 50  AF: -99  BTR1(GESUNDH,HEUTE)
  87) CF: 60  AF: -54  BTR1(GESUNDH,HEUTE)
 OK:

how 86.
 373) CF:100  LF:  50  BTR2(UWQL,ZEIT)
                     --BTR1(GESUNDH,ZEIT)
  53) CF: 50  AF: -90  BTR2(UWQL,HEUTE)
 ...
 371) CF:100  LF:  80  BTR2(GESNAHR,ZEIT)
                     --BTR1(GESUNDH,ZEIT)
  51) CF: 60  AF: -50  BTR2(GESNAHR,HEUTE)
 ...
 372) CF:100  LF:  20  BTR2(HUMARBW,ZEIT)
                     --BTR1(GESUNDH,ZEIT)
  52) CF: 90  AF: -70  BTR2(HUMARBW,HEUTE)
OK:
```

2.2.4 STOC : Konklusionen speichern

Der **STOC-Befehl** (store conclusion) wird für die Kopplung und den Vergleich von Konklusionsprozessen benötigt.

STOC. dient der Speicherung der Prämissen und Konklusionen eines Konklusionsprozesses (s. CONCL-Befehl) einschließlich der für den HOW-Befehl erforderlichen 'tracing' Information.

Damit können zwei Zwecke verbunden sein:

(1) **Voraussetzung für den COC-Befehl:** Wird im Anschluß an einen Konklusionsprozeß STOC eingegeben, so lassen sich die Prämissen und Konklusionen desselben mit denen eines beliebigen anderen Konklusionsprozesses (der in demselben oder in einem anderen Modul abläuft) mittels des COC-Befehls vergleichen.

(2) **Aneinanderkopplung von zwei Konklusionsprozessen**, die in verschiedenen Moduln stattfinden: Wird STOC im Anschluß an einen Konklusionsprozeß vor Verlassen des Moduls eingegeben, so werden die aus einem anderen Modul in den ersten transferierten Aussagen (Prämissen und/oder Konklusionen) als eine zweite Prämissenmenge an den noch bestehenden Konklusionsprozeß angehängt. Der Konklusionsprozeß wird mit einer zweiten Deduktionsrunde fortgesetzt. Nach Abschluß derselben können auch die Konklusionen der ersten Deduktionsrunde mittels HOW-Befehl noch abgefragt werden. Wird der Modul hingegen ohne Eingabe von STOC verlassen, so bilden die in diesen Modul transferierten Aussagen zusammen mit den gegebenenfalls noch von früher vorhandenen Aussagen zusammen die Prämissenmenge für einen neuen Konklusionsprozeß. Der HOW-Befehl liefert dann keine Auskunft mehr darüber, auf welche Weise einzelne dieser Aussagen im ursprünglichen Konklusionsprozeß zustandegekommen sind.

Durch den Befehl REC (s. 2.2.6) wird STOC aufgehoben.

2.2.5 COC : Konklusionen vergleichen

Die **COC-Befehle** (compare conclusion) dienen dem Vergleich von zwei Konklusionsprozessen (s. CONCL-Befehl), die in demselben oder in verschiedenen Sachmoduln stattfinden können. Wird im Anschluß an einen Konklusionsprozeß ein COC-Befehl gegeben, so wird dieser mit dem Konklusionsprozeß verglichen, der zuvor durch den STOC-Befehl gespeichert worden war.

COC 1. liefert zunächst die gemeinsamen Prämissen und gemeinsamen Konklusionen beider Prozesse. Danach werden die Prämissen und Konklusionen aufgelistet, die nur in einem der beiden Konklusionsprozesse vorkommen: erst die des ersten, dann die des zweiten Prozesses.

COC 2. liefert die im Prädikat identischen Konklusionen beider Prozesse, die in den Objekten zwar nicht identisch sind, aber einen gemeinsamen Durchschnitt besitzen.

Die Reihenfolge der jeweils aufgelisteten Aussagen orientiert sich am ersten Konklusionsprozeß. Zur besseren optischen Hervorhebung sind diese Aussagen mit einem Stern (*) versehen.

Beispiel: Zunächst werden die Konklusionen für bestimmte Prämissen erzeugt.

```
prip.
 P  1) CF: 80  VgProduktiv(Arbeit,Land,Zeit)
 P  2) CF: 70  WirtWachst(Europa,Planzeit)
 OK:
concl.
 CONCLUSION INTERRUPT AFTER HOW MANY MINUTES ?
1
 CUTOFF AT WHICH CERTAINTY FACTOR ?
0
 DEDUCTION IN MODUS PONENS ONLY ? (Y/N)
n
     5    3) CF: 72  VgArbeittlg(IndLand,Planzeit)
    14    4) CF: 70  VgAbfall(:Umweltschad,Europa,Planzeit)
    16    5) CF: 63  VgZerstör(Umwelt,Europa,Planzeit)
    10    6) CF: 57  VgMonotonie(Arbeit,IndLand,Planzeit)
 DELETE THE CONCLUSIONS (1) ? (Y/N)
n
```

Die Konklusionen werden mit STOC gespeichert. Danach wird nach Eingabe neuer Prämissen der Deduktionsprozeß erneut angestoßen:

```
stoc.
 OK:

prip.
 P  1) CF:100  VgProduktiv(Arbeit,Land,Zeit)
 P  2) CF: 50  WirtWachst(IndAusl,Zukunft)
 P  3) CF: 40  GrößWirk(WirtWachst,VgProduktiv,Arbeit,Europa,Planzeit)
 OK:
concl.
 CONCLUSION INTERRUPT AFTER HOW MANY MINUTES ?
1
 CUTOFF AT WHICH CERTAINTY FACTOR ?
10
 DEDUCTION IN MODUS PONENS ONLY ? (Y/N)
n
     1    4) CF: 36  VrArbeitlsk(EuropAuslwest,naheZukunft)
     5    5) CF: 90  VgArbeittlg(IndLand,Planzeit)
    14    6) CF: 50  VgAbfall(:Umweltschad,IndAusl,naheZukunft)
    16    7) CF: 45  VgZerstör(Umwelt,IndAusl,naheZukunft)
    12    8) CF: 36  VgSozSicherh(EuropAuslwest,naheZukunft)
    21    9) CF: 32  VgWohlst(EuropAuslwest,naheZukunft)
    10   10) CF: 72  VgMonotonie(Arbeit,IndLand,Planzeit)
 DELETE THE CONCLUSIONS (1) ? (Y/N)
n
```

Jetzt werden mit COC 1 die gemeinsamen und die unterschiedlichen Konklusionen aufgelistet:

```
coc 1.

 NR.  CF (A)| NR.  CF (B)  COMMON PREMISES
 ------------------------------------------------
   1)  80   |   1) 100     VgProduktiv(Arbeit,Land,Zeit)
```

```
NR.  CF (A)| NR.  CF (B)  COMMON CONCLUSIONS
-------------------------------------------------------
  3)  72   |   5)  90     VgArbeittlg(IndLand,Planzeit)
  6)  57   |  10)  72     VgMonotonie(Arbeit,IndLand,Planzeit)
PREMISES IN B ONLY:
P  2) CF: 50  WirtWachst(IndAusl,Zukunft)
P  3) CF: 40  GrößWirk(WirtWachst,VgProduktiv,Arbeit,Europa,Planzeit)
CONCLUSIONS IN B ONLY:
   4) CF: 36  VrArbeitlsk(EuropAuslwest,naheZukunft)
   6) CF: 50  VgAbfall(:Umweltschad,IndAusl,naheZukunft)
   7) CF: 45  VgZerstör(Umwelt,IndAusl,naheZukunft)
   8) CF: 36  VgSozSicherh(EuropAuslwest,naheZukunft)
   9) CF: 32  VgWohlst(EuropAuslwest,naheZukunft)
PREMISES IN A ONLY:
*P  2) CF: 70  WirtWachst(Europa,Planzeit)
CONCLUSIONS IN A ONLY:
*   4) CF: 70  VgAbfall(:Umweltschad,Europa,Planzeit)
*   5) CF: 63  VgZerstör(Umwelt,Europa,Planzeit)
CONTINUE WITH CONCLUSIONS IN A OR B ONLY ? (A/B/NO)
n
OK:
```

Danach werden mit COC 2 die im Prädikat identischen Konklusionen beider Deduktionsprozesse aufgeführt:

```
coc 2.

*   4) CF: 70  VgAbfall(:Umweltschad,Europa,Planzeit)
    6) CF: 50  VgAbfall(:Umweltschad,IndAusl,naheZukunft)

*   5) CF: 63  VgZerstör(Umwelt,Europa,Planzeit)
    7) CF: 45  VgZerstör(Umwelt,IndAusl,naheZukunft)
OK:
```

2.2.6 REC : gespeicherte Konklusionen zurückholen

Der **REC-Befehl** (recall conclusions) erlaubt es, wieder auf den ursprünglichen Konklusionsprozeß zurückzugehen.

REC. macht den mittels STOC gespeicherten Konklusionsprozeß wieder verfügbar. Das heißt: PRIP-Befehle, PRIC-Befehl und HOW-Befehl beziehen sich wieder auf den alten Konklusionsprozeß und liefern die entsprechenden Informationen.

Beispiel: (Fortsetzung des Beispiels zu COC 1 und COC 2). Durch PRIP und PRIC überzeugen wir uns, daß die Prämissen und Konklusionen des zweiten Deduktionsprozesses aktiv sind:

```
prip.
PREMISES (1) :
P  1) CF:100  VgProduktiv(Arbeit,Land,Zeit)
P  2) CF: 50  WirtWachst(IndAusl,Zukunft)
P  3) CF: 40  GrößWirk(WirtWachst,VgProduktiv,Arbeit,Europa,Planzeit)
OK:
```

```
pric.
 CONCLUSIONS (1) :
    4) CF: 36  VrArbeitlsk(EuropAuslwest,naheZukunft)
    5) CF: 90  VgArbeittlg(IndLand,Planzeit)
    6) CF: 50  VgAbfall(:Umweltschad,IndAusl,naheZukunft)
    7) CF: 45  VgZerstör(Umwelt,IndAusl,naheZukunft)
    8) CF: 36  VgSozSicherh(EuropAuslwest,naheZukunft)
    9) CF: 32  VgWohlst(EuropAuslwest,naheZukunft)
   10) CF: 72  VgMonotonie(Arbeit,IndLand,Planzeit)
 OK:
```

Mit dem REC-Befehl gehen wir jetzt auf den ersten Konklusionsprozeß zurück, überprüfen durch PRIP und PRIC die entsprechenden Prämissen und Konklusionen (s.o.) und lassen uns mit HOW 5 die Entstehung der Konklusion Nr. 5 erläutern:

```
rec.
 OK:

prip.
 PREMISES (1) :
 P  1) CF: 80  VgProduktiv(Arbeit,Land,Zeit)
 P  2) CF: 70  WirtWachst(Europa,Planzeit)
 OK:

pric.
 CONCLUSIONS (1) :
    3) CF: 72  VgArbeittlg(IndLand,Planzeit)
    4) CF: 70  VgAbfall(:Umweltschad,Europa,Planzeit)
    5) CF: 63  VgZerstör(Umwelt,Europa,Planzeit)
    6) CF: 57  VgMonotonie(Arbeit,IndLand,Planzeit)
 OK:
how 5.
    7) CF: 90  WirtWachst(IndLand,Planzeit)
             --VgZerstör(Umwelt,IndLand,Planzeit)
 P  2) CF: 70  WirtWachst(Europa,Planzeit)
 OK:
```

2.2.7 CFINT : Gewißheitsfaktor - Intervall definieren

Die **CFINT-Befehle** (certainty factor interval) erlauben es, die Zahl unterschiedlicher Gewißheitsfaktoren in einem Orientormodul vor der Bewertung zu beschränken, um die Bewertungsbilder (s. EVAL 2.2.8) übersichtlicher zu machen.

CFINT. Vor Anstoßen des Konklusionsprozesses im Orientormodul (durch CONCL-Befehl) kann man die Gewißheitsfaktoren der zu bewertenden Sachverhalte auf eine bestimmte Zahl abgestufter Gewißheitsfaktoren auf- bzw. abrunden (vgl. 1.4.3).

Das System fragt DISTANCE OF CERTAINTY INTERVALS? Nach Eingabe einer ganzen Zahl (durch die 100 teilbar oder fast teilbar ist) werden die Gewißheitsfaktoren im mittleren Bereich auf Mittelwerte auf- bzw. abgerundet, die um diese Zahl auseinanderliegen. Am oberen und unteren Ende befindet sich jeweils ein Intervall mit doppelter Genauigkeit (vgl. Tab. 1.1 in Abschnitt 1.4.3).

Intervall-distanz	Mittelwerte										
10	2	10	20	30	40	50	60	70	80	90	98
20	5	20	40	60	80	95					
25	6	25	50	75	94						
33	8	33	66	92							
50	12	50	88								

Wird z.B. die Intervalldistanz von 33 gewählt, so bekommen alle Prämissen mit einer Gewißheit zwischen 1 und 15 die Gewißheit 8, zwischen 16 und 49 die Gewißheit 33, zwischen 50 und 82 die Gewißheit 66 und zwischen 83 und 100 die Gewißheit 92. Die Bewertung operiert also dann nur mit höchstens vier unterschiedlichen Gewißheiten.

Mit dem **CFINTC**-Befehl (certainty factor interval cancel) wird die Intervalldefinition wieder aufgehoben.

CFINTC. bringt die ursprünglichen Gewißheitsfaktoren der zu bewertenden Sachverhalte zurück und löscht die für die Bewertung erzeugten Konklusionen.

Mit CFINT kann eine andere Intervalldistanz definiert werden und danach ein neuer Konklusionsprozeß unmittelbar gestartet werden.

2.2.8 EVAL : Bewertungsbilder erzeugen

Mit dem **EVAL-Befehl** (evaluation) lassen sich graphische Darstellungen der Bewertungsergebnisse des Orientormoduls erzeugen.

Die EVAL-Befehle dienen dazu, die durch die Deduktion im Orientormodul vollzogene Bewertung (Evaluation) unter verschiedenen Gesichtspunkten optisch übersichtlich und in standardisierter Form zu präsentieren, damit das Bewertungsergebnis möglichst schnell zu erfassen und möglichst leicht mit anderen Bewertungsergebnissen zu vergleichen ist.

Ein EVAL-Befehl kann sinnvollerweise nur nach Ausführung eines entsprechenden CONCL Befehls im Orientorenmodul (s. 1.4.2) eingegeben werden. Voraussetzung für die Ausführung eines EVAL-Befehls ist außerdem die Definition von maßgebenden Orientoren und des Prädikatenschlüssels der entsprechenden Ebene der Orientorenhierarchie durch den VALUE Befehl sowie die Auswahl einer Orientorenmenge durch den SEV-Befehl.

Die Voraussetzungen, die allgemein ein Orientorenmodul für die Bewertung erfüllen muß, sind in 1.4 beschrieben.

EVAL. Nichtspezifizierter Aufruf der Evaluation. Die Liste der Möglichkeiten wird vorgelegt. Danach kann der Kennbuchstabe des Bewertungsdiagramms eingegeben werden.

```
eval.
 SELECT VALUE SET FIRST (SEV <Nr.>.)
 OK:
sev 1.
 OK:
eval.
 A  AFFECTEDNESS
 B  WEIGHTED AFFECTEDNESS
 C  WEIGHTED AFFECTEDNESS, WITH CERTAINTY
 D  AFFECTEDNESS, WITH CERTAINTY
 E  AGGREGATED EVALUATION, NEG./POS. CONTRIBUTIONS
 F  AGGREGATED EVALUATION,"NET CONTRIBUTIONS"
 G  AGGREGATED EVALUATION OVER TIME
```

EVAL A. liefert ein Bewertungsdiagramm (Abb. 2.4), das lediglich die Stärke der Betroffenheit AF (Erfüllung/Verletzung; affectedness factor) der maßgebenden Orientoren zeigt ohne Berücksichtigung der Wertgewichte und der Gewißheit für den Sachverhalt der Betroffenheit.

EVAL B. liefert ein Bewertungsdiagramm (Abb. 2.5), das die gewichtete Betroffenheit der maßgebenden Orientoren zeigt (weighted affectedness factor WAF).

Hierbei gilt:

WAF := AF * Orientorgewicht / 100 .

Dadurch schiebt sich das Bewertungsbild zusammen in Entsprechung zum Gewicht der einzelnen Orientoren.

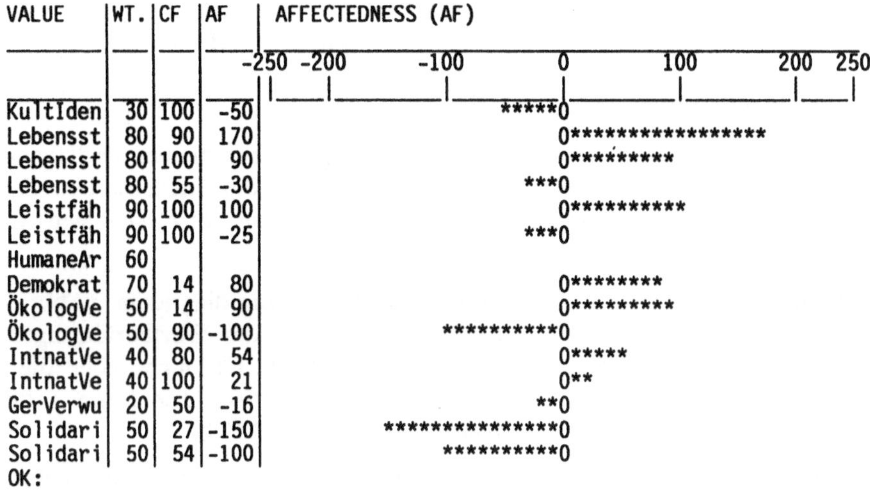

```
eval a.
 TIME OF INTEREST ? (IF TIME NOT RELEVANT, ENTER: NO)
heute

VALUE     |WT.|CF |AF  | AFFECTEDNESS (AF)
_________ |___|___|____|________________________________________________________
          |   |   |-250 -200        -100          0          100        200  250
          |   |   |    ||____|__________|__________|__________|__________|____|
KultIden  | 30|100| -50|                      *****0
Lebensst  | 80| 90| 170|                           0*****************
Lebensst  | 80|100|  90|                           0*********
Lebensst  | 80| 55| -30|                        ***0
Leistfäh  | 90|100| 100|                           0**********
Leistfäh  | 90|100| -25|                        ***0
HumaneAr  | 60|   |    |
Demokrat  | 70| 14|  80|                           0********
ÖkologVe  | 50| 14|  90|                           0*********
ÖkologVe  | 50| 90|-100|                 **********0
IntnatVe  | 40| 80|  54|                           0*****
IntnatVe  | 40|100|  21|                           0**
GerVerwu  | 20| 50| -16|                         **0
Solidari  | 50| 27|-150|            ***************0
Solidari  | 50| 54|-100|                 **********0
OK:
```

Abb. 2.4 Bewertungsdiagramm EVAL A.

```
eval b.
 TIME OF INTEREST ? (IF TIME NOT RELEVANT, ENTER: NO)
heute

VALUE     |WT.|CF |WAF | WEIGHTED AFFECTEDNESS (WAF)
_________ |___|___|____|________________________________________________________
          |   |   |-250 -200        -100          0          100        200  250
          |   |   |    ||____|__________|__________|__________|__________|____|
KultIden  | 30|100| -15|                         **0
Lebensst  | 80| 90| 136|                           0**************
Lebensst  | 80|100|  72|                           0*******
Lebensst  | 80| 55| -24|                         **0
Leistfäh  | 90|100|  90|                           0*********
Leistfäh  | 90|100| -22|                         **0
HumaneAr  | 60|   |    |
Demokrat  | 70| 14|  56|                           0******
ÖkologVe  | 50| 14|  45|                           0*****
ÖkologVe  | 50| 90| -50|                      *****0
IntnatVe  | 40| 80|  21|                           0**
IntnatVe  | 40|100|   8|                           0*
GerVerwu  | 20| 50|  -3|                           0
Solidari  | 50| 27| -75|                   ********0
Solidari  | 50| 54| -50|                      *****0
OK:
```

Abb. 2.5 Bewertungsdiagramm EVAL B.

EVAL C. liefert ein Bewertungsdiagramm (Abb. 2.6), das die gewichtete Betroffenheit der maßgebenden Orientoren zeigt und in das die Gewißheit der jeweiligen Wertberührung miteingeht (weighted affectedness factor with certainty WAFC).

Hierbei gilt

WAFC := WAF * CF / 100 .

Das bedeutet: die Gewißheitsfaktoren, die im allgemeinen kleiner als 100 sind, bewirken ein Zusammenschieben des Bewertungsbildes auf die Nullachse hin. Damit wird dem Sachverhalt Rechnung getragen, daß Abstriche an der (100%-igen) Gewißheit Bewertungsergebnisse eher undeutlicher machen.

EVAL D. liefert ein Bewertungsdiagramm (Abb. 2.7), das zwar die Gewißheit der Wertberührungen berücksichtigt (wie EVAL C), nicht aber die Wertgewichte der betroffenen Orientoren (affectedness factor with certainty AFC).

Die Bewertungsdiagramme zeigen die einzelnen Wertberührungen in der Reihenfolge der maßgebenden Orientoren, wie sie mittels VALUE Befehl definiert und mittels SEV-Befehl ausgewählt worden sind. Für einen Orientor können mehrere Wertberührungen mit unterschiedlicher Gewißheit angezeigt sein (s. 1.4.3), da zuerst die positiven Berührungen (sofern vorhanden) und dann die negativen Berührungen (sofern vorhanden) in der Reihenfolge zunehmender Gewißheit (und entsprechend abnehmender Stärke der Betroffenheit) aufgelistet werden.

Achtung! Einige Orientoren kommen in den Diagrammen mehrfach vor. Das resultiert aus der 'Parallelbuchhaltung': nicht alle Betroffenheiten dieser Orientoren besaßen die gleiche Gewißheit; die Betroffenheitsfaktoren wurden auf der jeweils größten gemeinsamen Gewißheit addiert (vgl. 1.4.3 und CONCL-Befehl). Fallen alle Betroffenheiten mit der gleichen Gewißheit an, können sie alle auf dieser einen Gewißheit addiert werden.

Aus dem Sachverhalt, daß ein Orientor mehrfach in einem Bewertungsdiagramm vorkommt, kann man also schließen, daß er mehrfach betroffen sein muß (über verschiedene Implikationen), nicht aber das Umgekehrte: wenn ein Orientor nur einmal vorkommt, bedeutet das nicht unbedingt, daß er nur einmal betroffen wurde.

Das heißt: Das Diagramm allein gibt keinen sicheren Aufschluß darüber, welche Orientoren besonders häufig betroffen sind (der optische Eindruck kann hier irreführend sein!). Hier kann nur der HOW-Befehl sicher Aufschluß geben.

```
eval c.
 TIME OF INTEREST ? (IF TIME NOT RELEVANT, ENTER: NO)
heute

 VALUE    |WT. |CF  |WAFC| WEIGHTED AF WITH CERTAINTY (WAFC)
 ________ |____|____|____|
                       -250 -200      -100       0        100       200  250
                          ||___|_________|_________|_________|_________|___|
 KultIden | 30 |100 | -15|                      **0
 Lebensst | 80 | 90 | 122|                        0************
 Lebensst | 80 |100 |  72|                        0*******
 Lebensst | 80 | 55 | -13|                       *0
 Leistfäh | 90 |100 |  90|                        0*********
 Leistfäh | 90 |100 | -22|                      **0
 HumaneAr | 60 |    |    |
 Demokrat | 70 | 14 |   7|                        0*
 ÖkologVe | 50 | 14 |   6|                        0*
 ÖkologVe | 50 | 90 | -45|                   *****0
 IntnatVe | 40 | 80 |  16|                        0**
 IntnatVe | 40 |100 |   8|                        0*
 GerVerwu | 20 | 50 |  -1|                        0
 Solidari | 50 | 27 | -20|                      **0
 Solidari | 50 | 54 | -27|                     ***0
 OK:
```

Abb. 2.6 Bewertungsdiagramm EVAL C.

```
eval d.
 TIME OF INTEREST ? (IF TIME NOT RELEVANT, ENTER: NO)
heute

 VALUE    |WT. |CF  |AFC | AF WITH CERTAINTY (AFC)
 ________ |____|____|____|
                       -250 -200      -100       0        100       200  250
                          ||___|_________|_________|_________|_________|___|
 KultIden | 30 |100 | -50|                   *****0
 Lebensst | 80 | 90 | 153|                        0***************
 Lebensst | 80 |100 |  90|                        0*********
 Lebensst | 80 | 55 | -16|                      **0
 Leistfäh | 90 |100 | 100|                        0**********
 Leistfäh | 90 |100 | -25|                     ***0
 HumaneAr | 60 |    |    |
 Demokrat | 70 | 14 |  11|                        0*
 ÖkologVe | 50 | 14 |  12|                        0*
 ÖkologVe | 50 | 90 | -90|               *********0
 IntnatVe | 40 | 80 |  43|                        0****
 IntnatVe | 40 |100 |  21|                        0**
 GerVerwu | 20 | 50 |  -8|                       *0
 Solidari | 50 | 27 | -40|                    ****0
 Solidari | 50 | 54 | -54|                   *****0
 OK:
```

Abb. 2.7 Bewertungsdiagramm EVAL D.

EVAL E. liefert ein Bewertungsdiagramm (Abb. 2.8), bei dem aus allen negativen und allen positiven Berührungen eines Orientors jeweils eine negative und eine positive Kenngröße extrahiert wird.

Hierbei wird dasjenige (AF,CF)-Paar ausgewählt, bei dem das Produkt AF * CF unter den negativen bzw. positiven Wertberührungen (absolut) am größten ist:

$$AF- := AF_i, \quad CF- := CF_i$$

mit

$$|AF_i| * CF_i = \max.(|AF_j| * CF_j), \quad j=1,...,n \quad (AF_j \text{ negative Betroffenheiten})$$

und

$$AF+ := AF_k, \quad CF+ := CF_k,$$

mit

$$AF_k * CF_k = \max.(AF_j * CF_j), \quad j=1,...,m \quad (AF_j \text{ positive Betroffenheiten})$$

Das Bild zeigt das Produkt (negativ und positiv) getrennt:

AGGEV := AF * CF * Orientorgewicht/10000,

wobei die negative Größe durch die entsprechende Anzahl von "-"-Zeichen, die positive Größe durch "+"-Zeichen innerhalb einer Zeile veranschaulicht wird.

```
eval e.
 TIME OF INTEREST ? (IF TIME NOT RELEVANT, ENTER: NO)
heute

 VALUE    |WT.|CF-|CF+ |  AGGREGATED EVALUATION (AGGEV)
 ________ |___|___|____|
                    -250 -200      -100      0         100       200  250
 _________ ___ ___ ____ |___|_________|_________|_________|_________|___|
Kultlden | 30|100|  0|                       --0
Lebensst | 80| 55| 90|                        -0++++++++++++
Leistfäh | 90|100|100|                       --0+++++++++
HumaneAr | 60|   |   |
Demokrat | 70|  0| 14|                         0+
ÖkologVe | 50| 90| 14|                    -----0+
IntnatVe | 40|  0| 80|                         0++
GerVerwu | 20| 50|  0|                         0
Solidari | 50| 54|  0|                      ---0

****** heute

 VALUES:  9     AFFECT. :  8 (= 89%)
                NEG.AFF.:  6 (= 67%)       POS.AFF.:  5 (= 56%)
 INTS.          NEG:  -53                  POS:  98
 INTS.*CF       NEG:  -40                  POS:  63
 INTS.*CF*WT.   NEG:  -20                  POS:  48

 BALANCE        NEG: -122 (= 34%)          POS: 242 (= 66%)
 OK:
```

Abb. 2.8 Bewertungsdiagramm EVAL E.

Außerdem ist das Bild mit einigen für die Analyse des Bewertungsergebnisses relevanten Angaben versehen:

a) Angaben über die '**Bewertungsbreite**':
- Zahl der überhaupt betroffenen Orientoren (AFFECT.)
- Zahl der negativ betroffenen Orientoren (NEG.AFF.)
- Zahl der positiv betroffenen Orientoren (POS.AFF.)

In Klammern steht jeweils die Angabe in Prozent der Zahl der maßgebenden Orientoren.

b) Angaben zur mittleren **Intensität der Wertberührung**:
- mittlere Intensität der betroffenen Orientoren (INTS.),
- mittleres Produkt aus Intensität und Gewißheit und Orientorgewicht (INTS*CF*WT).

Die Mittelwerte sind für negative und positive Wertbeziehungen getrennt angegeben und beziehen sich jeweils auf die Zahl der negativ bzw. positiv betroffenen Orientoren (**nicht** auf die Gesamtzahl).

c) Angabe der '**Gesamtbilanz**' (BALANCE) als Summe aller positiven und negativen Wertberührungen, gewichtet mit den Gewißheiten der einzelnen Wertberührungen und dem Gewicht der betroffenen Orientoren, wobei gilt

```
BALANCE NEG. = INTS.*CF*WTNEG * NEG.AFF.
BALANCE POS. = INTS.*CF*WTPOS * POS.AFF.
```

Bemerkung: Die Größe AGGEV, in die die Intensität der Wertberührungen, die Gewißheit der Wertberührungen und das Gewicht des betroffenen Wertes eingehen, kann nur als ein sehr grobes Maß für das Bewertungsergebnis angesehen werden und ist mit entsprechender Zurückhaltung zu interpretieren.

Dies gilt in noch verstärktem Maße für die Gesamtbilanz. Diese kann für einen schnellen Überblick, etwa im Vergleich verschiedener Bewertungsergebnisse, durchaus hilfreich sein; sie darf jedoch keinesfalls als das eigentliche Bewertungsergebnis angesehen werden, da sie die äußerst problematische Addition von Wertberührungen verschiedener Orientoren impliziert. Grundlegende Werte sind aber nur innerhalb von gewissen Grenzen gegenseitig verrechenbar (noch soviel 'Sicherheit' z.B. kann nicht den Verlust der 'Freiheit' aufwiegen).

Mit großer Vorsicht ist auch ein weiteres Bewertungsdiagramm (EVAL F) zu interpretieren, bei dem die bei EVAL E getrennt gehaltenen negativen und positiven Kenngrößen additiv zusammengezogen werden. Eine solche Addition ist deshalb problematisch (bis irreführend), weil z.B. das gleichzeitige Auftreten eines sehr positiven und eines sehr negativen Ereignisses keineswegs unter Bewertungsgesichtspunkten gleichbedeutend damit ist, daß gar nichts geschieht. Dieses 'additive' Bewertungsbild soll nicht als das eigentliche Bewertungsergebnis angesehen werden.

EVAL F. liefert ein Bewertungsbild (Abb. 2.9), das sich von dem von EVAL E nur dadurch unterscheidet, daß ganz zum Schluß die negativen und positiven Wertberührungen zu einer Größe addiert werden.

```
eval f.
 TIME OF INTEREST ? (IF TIME NOT RELEVANT, ENTER: NO)
heute

 VALUE    |WT.|CF-|CF+ | AGGREG. EVALUAT., "NET CONTRIBUTIONS"
          |   |   |    |
 _________|___|___|__-250 -200      -100       0       100      200 250
          |   |   |    ||___|_________|_________|_________|_________|___|
 KultIden | 30|100|   0|                      --0
 Lebensst | 80| 55|  90|                        0+++++++++++
 Leistfäh | 90|100| 100|                        0+++++++
 HumaneAr | 60|   |    |
 Demokrat | 70|  0|  14|                        0+
 ÖkologVe | 50| 90|  14|                    ----0
 IntnatVe | 40|  0|  80|                        0++
 GerVerwu | 20| 50|   0|                        0
 Solidari | 50| 54|   0|                     ---0
 OK:
```

Abb. 2.9 Bewertungsdiagramm EVAL F.

Jedes der Bewertungsdiagramme A...F kann für einen beliebigen Zeitpunkt der Zeitkette (s. TIME-Befehl (2.1.4) erzeugt werden. In Abb. 2.10 zeigen wir als Beispiel das Bewertungsbild EVAL E für die Zeiten (TIME OF INTEREST) 'naheZukunft' und 'mittlZukunft'. Die Frage TIME OF INTEREST? erscheint nur dann, wenn zuvor die Zeitkette (TIME) definiert worden ist. Für den folgenden EVAL-Befehl ist die Definition der Zeitkette jedoch eine zwingende Voraussetzung.

EVAL G. liefert ein aggregiertes Bewertungsdiagramm (Abb. 2.11), bei dem die Bewertungsergebnisse der einzelnen Zeitpunkte über die gesamte Zeitspanne, wie sie durch den TIME-Befehl definiert ist, aufsummiert worden sind.

Dabei werden die Bewertungsergebnisse jeweils mit einem bestimmten 'Zeitgewicht' versehen, wobei die Wertberührungen des Anfangszeitpunkts t_1 (meist der Gegenwart) automatisch das Zeitgewicht 100 erhalten. Die entsprechenden (in der Regel niedrigeren) Zeitgewichte für die nachfolgenden Zeitpunkte t_2, t_3 usw. (z.B. 'nahe Zukunft', 'mittlere Zukunft' usw.) werden nach Aufruf von EVAL G abgefragt.

```
eval e.
 TIME OF INTEREST ? (IF TIME NOT RELEVANT, ENTER: NO)
naheZukunft

 VALUE    |WT.|CF-|CF+ |  AGGREGATED EVALUATION (AGGEV)
 ________ |___|___|____|______________________________________________
                  -250 -200        -100         0         100        200 250
                       ||____|________|_________|_________|_________|____|
 KultIden| 30| 50|  0|                          -0
 Lebensst| 80|  0| 50|                          0++++
 Leistfäh| 90| 60| 50|                         -0+++++
 HumaneAr| 60|    |   |
 Demokrat| 70|  0| 14|                          0+
 ÖkologVe| 50| 90| 14|                     -----0+
 IntnatVe| 40|  0| 80|                          0++
 GerVerwu| 20| 30|  0|                          0
 Solidari| 50|    |   |

****** naheZukunft

 VALUES:  9   AFFECT. :  7 (= 78%)
              NEG.AFF.:  4 (= 44%)       POS.AFF.:  5 (= 56%)
 INTS.        NEG:  -55                  POS:  82
 INTS.*CF     NEG:  -36                  POS:  32
 INTS.*CF*WT. NEG:  -16                  POS:  22

 BALANCE      NEG:  -67 (= 38%)          POS:  111 (= 62%)
```

Abb. 2.10a Bewertungsdiagramm EVAL E für 'nahe Zukunft'.

```
eval e.
 TIME OF INTEREST ? (IF TIME NOT RELEVANT, ENTER: NO)
mittlZukunft

 VALUE    |WT.|CF-|CF+ |  AGGREGATED EVALUATION (AGGEV)
 ________ |___|___|____|______________________________________________
                  -250 -200        -100         0         100        200 250
                       ||____|________|_________|_________|_________|____|
 KultIden| 30| 30|  0|                          0
 Lebensst| 80|  0| 30|                          0++
 Leistfäh| 90|  0| 30|                          0++
 HumaneAr| 60|    |   |
 Demokrat| 70|  0| 14|                          0+
 ÖkologVe| 50| 90| 14|                     -----0+
 IntnatVe| 40| 60| 80|                         -0++
 GerVerwu| 20| 80|  0|                         -0
 Solidari| 50|    |   |

****** mittlZukunft

 VALUES:  9   AFFECT. :  7 (= 78%)
              NEG.AFF.:  4 (= 44%)       POS.AFF.:  5 (= 56%)
 INTS.        NEG:  -59                  POS:  74
 INTS.*CF     NEG:  -44                  POS:  21
 INTS.*CF*WT. NEG:  -16                  POS:  13

 BALANCE      NEG:  -66 (= 50%)          POS:  66 (= 50%)
```

Abb. 2.10b Bewertungsdiagramm EVAL E für 'mittlere Zukunft'.

```
eval g.
 heute                  TIME WEIGHT:  100
 naheZukunft            TIME WEIGHT ?
80
 mittlZukunft           TIME WEIGHT ?
50
 ferneZukunft           TIME WEIGHT ?
10

VALUE   |WT.|CF-|CF+|  AGGR. EVALUAT. OVER TIME (AGGEVT)
________|___|___|___|_____________________________________________________
        |   |   |   |-250 -200      -100        0        100       200 250
________|___|___|___|  |____|_________|_________|_________|_________|____|
KultIden| 30| 79|  0|                         --0
Lebensst| 80| 55| 74|                          -0++++++++++++++++
Leistfäh| 90| 85| 76|                        ---0+++++++++++++
HumaneAr| 60|   |   |
Demokrat| 70|  0| 14|                           0++
ÖkologVe| 50| 90| 14|                -----------0+
IntnatVe| 40| 60| 80|                          -0++++
GerVerwu| 20| 66|  0|                          -0
Solidari| 50| 54|  0|                        ---0

heute: 100    naheZukunft: 80    mittlZukunft: 50    ferneZukunft: 10
```

Abb. 2.11a Bewertungsdiagramm EVAL G - Gesamtübersicht.

Sei $AGGEV(t_i)$ das aggregierte Bewertungsergebnis (in Bezug auf einen Orientor) zum Zeitpunkt t_i, dann ist das über die Zeit integrierte Bewertungsergebnis

$$AGGEVT := (AGGEV(t_i) * Zeitgew(t_1) + .. + AGGEV(t_m) * Zeitgew(t_m)) / (AGGEV(t_1) + .. + AGGEV(t_m))$$

Die zu jeder Wertberührung im Diagramm angegebene mittlere Gewißheit (CF+ und CF-) errechnet sich wie folgt:

$$CF_{MT} := (CF(t_1) * AGGEV(t_1) + ... + CF(t_m) * AGGEV(t_m)) / (AGGEV(t_1) + ... + AGGEV(t_m))$$

Unter dem Bild von EVAL G sind die Zahlenangaben (s.o. EVAL E) für die einzelnen Zeitstufen aufgeführt. Zum Schluß folgt eine Gesamtbilanz OVER TIME, bei der (negativ und positiv getrennt) die Bilanzen der einzelnen Zeitstufen gewichtet mit den Zeitgewichten aufsummiert sind:

$$BALANCE(T) := BALANCE(t_1) * Zeitgew(t_1) + ...$$

INTS*CF*WT(T) ist die (auf das Bewertungsbild von EVAL G bezogen) 'mittlere gewichtete Intensität' der Werterfüllungen resp. -verletzungen:

$$INTS*CF*WT(T) := (INTS*CF*WT * AFF(t_1) * Zeitgew(t1) + ...) / AFF(T)$$

(NEG/POS) AFF(T) ist die Zahl der im ganzen Zeitraum überhaupt (negativ bzw. positiv) betroffenen Orientoren.

```
*** heute             *** TIME WEIGHT: 100 ***

VALUES:  9    AFFECT. :  8 (= 89%)
              NEG.AFF.:  6 (= 67%)       POS.AFF.:  5 (= 56%)
INTS.         NEG:  -53                  POS:   98
INTS.*CF      NEG:  -40                  POS:   63
INTS.*CF*WT.  NEG:  -20                  POS:   48

BALANCE       NEG: -122 (= 34%)          POS:  242 (= 66%)


*** naheZukunft       *** TIME WEIGHT:  80 ***

VALUES:  9    AFFECT. :  7 (= 78%)
              NEG.AFF.:  4 (= 44%)       POS.AFF.:  5 (= 56%)
INTS.         NEG:  -55                  POS:   82
INTS.*CF      NEG:  -36                  POS:   32
INTS.*CF*WT.  NEG:  -16                  POS:   22

BALANCE       NEG:  -67 (= 38%)          POS:  111 (= 62%)


*** mittlZukunft      *** TIME WEIGHT:  50 ***

VALUES:  9    AFFECT. :  7 (= 78%)
              NEG.AFF.:  4 (= 44%)       POS.AFF.:  5 (= 56%)
INTS.         NEG:  -59                  POS:   74
INTS.*CF      NEG:  -44                  POS:   21
INTS.*CF*WT.  NEG:  -16                  POS:   13

BALANCE       NEG:  -66 (= 50%)          POS:   66 (= 50%)


*** ferneZukunft      *** TIME WEIGHT:  10 ***

VALUES:  9    AFFECT. :  7 (= 78%)
              NEG.AFF.:  4 (= 44%)       POS.AFF.:  5 (= 56%)
INTS.         NEG:  -61                  POS:   52
INTS.*CF      NEG:  -43                  POS:   15
INTS.*CF*WT.  NEG:  -16                  POS:    7

BALANCE       NEG:  -67 (= 63%)          POS:   39 (= 37%)

****** OVER TIME ******

VALUES:  9    AFFECT. :  8 (= 89%)
              NEG.AFF.:  7 (= 78%)       POS.AFF.:  5 (= 56%)
INTS.         NEG:  -92                  POS:  207
INTS.*CF      NEG:  -66                  POS:  102
INTS.*CF*WT.  NEG:  -31                  POS:   74

BALANCE       NEG: -216 (= 37%)          POS:  368 (= 63%)
```

Abb. 2.11b Bewertungsdiagramm EVAL G - Ergebnisse für verschiedene Zeitpunkte.

Für alle Bewertungsdiagramme der EVAL-Befehle ist ein Zahlenbereich für die Maßgrößen von -250 bis 250 vorgesehen. Die jeweiligen Größen werden durch eine Anzahl von Sternen (*) bzw. (bei EVAL E,F,G) von Plus- und Minuszeichen veranschaulicht. Bei Bereichsüberschreitung nach unten erscheint als letztes Zeichen links in der Skala ein L (less), bei Bereichsüberschreitung nach oben als letztes Zeichen rechts ein M (more) bzw. (bei EVAL E,F,G) eine entsprechende Zahl. Die gilt allerdings nur, wenn bei der Berechnung der Betroffenheitsgrade im Konklusionsprozeß nicht mit Sättigungsaddition (vgl. 1.4.3) gearbeitet wurde (Verneinung der Frage SATURATION LIMIT FOR EVALUATION?). Bei Wahl der Sättigungsaddition bleiben die Bewertungsergebnisse innerhalb vorgegebener Grenzen.

Die Mittellinie der Skala wird durch das Zeichen 0 angedeutet. Steht nur eine solche Null, so bedeutet dies, daß der betroffene Orientor aufgrund der vorliegenden Konzepte zwar betroffen wurde, jedoch so gering, daß sich die Größe nicht mehr in der Skala ausdrücken läßt. Ist die Zeile ganz leer, so heißt dies, daß der entsprechende Orientor überhaupt nicht berührt worden ist.

Bemerkung: Alle Maßzahlen, die ein Bewertungsergebnis repräsentieren, können nur als ein sehr grobes Maß angesehen werden. Sie sind schlecht definiert und beziehen sich nicht auf eine absolute Bedeutungsskala. Dies resultiert vor allem daraus, daß der Bereich für die Betroffenheitsfaktoren - sofern nicht mit Sättigungsaddition gearbeitet wird (s. 1.4.3) - nach oben (und unten) offen ist. Sie sind mit entsprechender Vorsicht zu interpretieren und sind stets nur beim Vergleich von (auf die gleiche Weise generierten) Bewertungsergebnissen untereinander aussagekräftig.

2.2.9 END : Bearbeitung im Modul beenden

Mit dem END-Befehl wird der Modul verlassen.

END.	beendet die Kommandophase. Der Dialog tritt in die Schlußphase ein (s. 3.3), von der aus mit einem anderen Modul die Bearbeitung fortgesetzt werden kann.

2.3 Informationsbefehle

2.3.0 HELP : Bearbeitungshilfen geben

Der **HELP-Befehl** verschafft einen Überblick über die DEDUC-Befehle und Bearbeitungsmöglichkeiten (vgl. Kap. 6).

HELP. gibt einen Überblick über die Befehlstypen und Befehle in ihrer syntaktischen Grundstruktur.

```
help.
 COMMAND SUMMARY:
 1  READING / WRITING TO FILE
 2  INPUT OF CONCEPTS
 3  INFORMATION ABOUT CONCEPTS
 4  MODIFICATION OF CONCEPTS
 5  PROCESSING COMMANDS
 6  EVALUATION COMMANDS (ORIENTOR MODUL ONLY)
 7  DIALOGUE CONTROL COMMANDS
```

2.3.1 SORT : Objekte und Prädikate auflisten

Die **SORT-Befehle** verschaffen einen Überblick über die im Modul vorhandenen Objekte und Prädikate.

SORT OBJ. druckt die vorhandenen Objekte in (auf die ersten fünf Zeichen bezogener) alphabetischer Reihenfolge aus.

SORT PRED. druckt die vorhandenen Prädikate in (auf die ersten fünf Zeichen bezogener) alphabetischer Reihenfolge aus.

2.3.2 PRIA, PRIASO : atomare Prädikatenausdrücke auflisten

Mit den **PRIA-Befehlen** (print atomic expressions) lassen sich übersichtliche alphabetische Listen der Prädikatenausdrücke erzeugen.

PRIA. druckt alle im Modul vorhandenen atomaren Prädikatenausdrücke (Prädikat mit Objektliste) in alphabetischer Reihenfolge der Prädikate.

PRIASO <Objektliste>. druckt die einfachen Prädikatenausdrücke, sofern sie die Objekte von <Objektliste> enthalten (bzw. sich auf diese gemäß der entsprechenden Objektstruktur (s. 2.1.1) reduzieren lassen).

SORT und PRIA sind für die Erstellung eines syntaktisch konsistenten, arbeitsfähigen Moduls ein ganz wesentliches Hilfsmittel. Durch SORT entdeckt man sehr leicht, ob die Schreibweise der Namen einheitlich ist; durch PRIA, ob die Prädikatenausdrücke in der Zahl und Reihenfolge der Objekte einheitlich sind.

Bei den Befehlen SORT, PRIA und PRIASO werden jeweils 20 Objekte, Prädikate bzw. atomare Prädikatenausdrücke ausgegeben. Auf die dann erfolgende Frage CONTINUE? kann man fortsetzen, abbrechen oder durch Eingabe einer Integerzahl die Schrittzahl bis zum nächsten CONTINUE? verändern.

Beispiel:

```
pria.
 Abhängig
        Abhängig(Ressourcen,IndLand,Zeit)
 VgAbfall
        VgAbfall(:Umweltschad,IndLand,Planzeit)
 VgArbeittlg
        VgArbeittlg(IndLand,Planzeit)
 VgArbeitlsk
        VgArbeitlsk(IndLandwest,Zeit)
 VgImportAbh
        VgImportAbh(Ressourcen,IndLand,Zeit)
 VgMonotonie
        VgMonotonie(Arbeit,IndLand,Planzeit)
 VgProduktiv
        VgProduktiv(Arbeit,IndLandwest,Zeit)
        VgProduktiv(Arbeit,IndLand,Planzeit)
 VgSozSicherh
        VgSozSicherh(Europawest,Zeit)
 VgWohlst
        VgWohlst(Land,Zeit)
 VgZerstör
        VgZerstör(Umwelt,IndLand,Planzeit)
 CONTINUE ? (Y/N)
y
 VrArbeitlsk
        VrArbeitlsk(IndLandwest,Zeit)
        VrArbeitlsk(Europawest,Zeit)
        VrArbeitlsk(Land,Zeit)
 VrArbeitzeit
        VrArbeitzeit(IndLandwest,Zeit)
 WirtWachst
        WirtWachst(IndLandwest,Zeit)
        WirtWachst(IndLand,Planzeit)
        WirtWachst(IndLand,Zeit)
 OK:

priaso Arbeit.
        VgMonotonie(Arbeit,IndLand,Planzeit)
        VgProduktiv(Arbeit,IndLandwest,Zeit)
        VgProduktiv(Arbeit,IndLand,Planzeit)
 OK:
```

```
priaso IndLand.
        Abhängig(Ressourcen,IndLand,Zeit)
        VgAbfall(:Umweltschad,IndLand,Planzeit)
        VgArbeittlg(IndLand,Planzeit)
        VgImportAbh(Ressourcen,IndLand,Zeit)
        VgMonotonie(Arbeit,IndLand,Planzeit)
        VgProduktiv(Arbeit,IndLand,Planzeit)
        VgWohlst(Land,Zeit)
        VgZerstör(Umwelt,IndLand,Planzeit)
        VrArbeitlsk(Land,Zeit)
        WirtWachst(IndLand,Planzeit)
        WirtWachst(IndLand,Zeit)
 OK:
```

2.3.3 PRIO : Objektstrukturen ausgeben

Mit den **PRIO-Befehlen** (print object) lassen sich die Objektklassen und Objektstrukturen darstellen.

PRIO ALL.	listet mit dem Hinweis THE TOP OBJECTS ARE: die Namen der jeweils obersten Objektklassen auf.
PRIO <Objekt>.	gibt die Objektstruktur <Objekt> detailliert aus.

Beispiel: Die im Beispiel für den RF-Befehl eingegebenen Objektstrukturen werden wie folgt ausgegeben.

```
prio all.
 THE TOP OBJECTS ARE:
  Zeit
  Land
  Arbeit
  WirtWachst
  VgProduktiv
  :Umweltschad
  Umwelt
  Ressourcen
 OK:

prio Zeit.
  Zeit
    Planzeit
      heute
      naheZukunft
    Zukunft
      naheZukunft
      mittlZukunft
      ferneZukunft
 OK:
```

```
prio Land.
  Land
    IndLand
      IndAusl
        IndAuslwest
          USA
          Japan
          EuropAuslwest
        COMECON
          UdSSR
          Europaost
      Europa
        Europawest
          EuropAuslwest
          BRD
        Europaost
      IndLandwest
        IndAuslwest
          USA
          Japan
          EuropAuslwest
        Europawest
          EuropAuslwest
          BRD
    DrittweltLand
  OK:
```

2.3.4 PRI : Implikationen ausgeben

Die **PRI-Befehle** (print implications) ermöglichen eine Auswahl und Ausgabe von Implikationen unter verschiedenen Gesichtspunkten.

PRI ALL. gibt alle im Modul vorhandenen Implikationen - mit Nummern versehen - aus. Die Nummern werden bei der Eingabe den Implikationen sukzessive zugeordnet.

Wurden in der Zwischenzeit Implikationen gelöscht (s.DEL 2.4.3), so erscheinen in der Numerierung der Ausgabe entsprechende Lücken. Nach jeweils 10 ausgegebenen Implikationen hat der Benutzer die Gelegenheit, die Ausgabe abzubrechen.

PRI <Prädikat>. gibt alle Implikationen aus, die auf ihrer **linken** Seite das Prädikat <Prädikat> enthalten.

PRI <Nr.>. gibt die Implikation <Nr.> aus.

PRI <Nr.>,. gibt alle Implikationen von der Implikationsnr. <Nr.> an aufwärts aus.

PRI <Nr.1>, <Nr.2>. gibt alle Implikationen von Implikationsnr. <Nr.1> bis <Nr.2> aus.

PRIR <Prädikat>. gibt alle Implikationen aus, die auf ihrer **rechten** Seite das Prädikat <Prädikat> enthalten.

PRISO <Objekt 1>,..., <Objekt n>.
(n maximal 8) gibt alle Implikationen aus, die die Objekte <Objekt 1> ,..., <Objekt n> enthalten oder auf diese - im Sinne des Übergangs vom Allgemeinen zum Besonderen - reduziert werden können.

Bei PRI <Prädikat>, PRIR <Prädikat> und PRISO <Objektliste> kann der Benutzer - im Falle eines Sachmoduls mit Umkehrimplikationen (s. 1.3.2) - wählen, ob die entsprechenden Umkehrimplikationen mit ausgegeben werden sollen. Das System stellt hierzu die Frage: REVERSED IMPLICATIONS ALSO? Die Umkehrimplikationen sind durch ein vorgestelltes R gekennzeichnet.

Die Implikationen werden mit Nummern, Gewißheitsfaktoren (CF) und - falls es sich um einen Orientormodul handelt (s.1.4) - auch mit Ladefaktor (LF), ohne IF und THEN und in voller Klammerung ausgegeben.

Beispiele:

```
pri all.
    1) CF: 90  ((VgProduktiv(Arbeit,IndLandwest,Zeit)
               AND WirtWachst(IndLandwest,Zeit)) AND
               GrößWirk(WirtWachst,VgProduktiv,Arbeit,IndLandwest,Zeit))
             --VrArbeitlsk(IndLandwest,Zeit)
    2) CF: 90  NOT VgArbeittlg(IndLand,Planzeit)
             --NOT VgProduktiv(Arbeit,IndLand,Planzeit)
    3) CF:100  (VgProduktiv(Arbeit,IndLandwest,Zeit)
               AND NOT WirtWachst(IndLandwest,Zeit))
             --VgArbeitlsk(IndLandwest,Zeit)
    4) CF: 80  VgArbeittlg(IndLand,Planzeit)
             --VgMonotonie(Arbeit,IndLand,Planzeit)
    5) CF:100  VrArbeitlsk(Europawest,Zeit)
             --VgSozSicherh(Europawest,Zeit)
    6) CF:100  WirtWachst(IndLand,Planzeit)
             --VgAbfall(:Umweltschad,IndLand,Planzeit)
 OK:
pri WirtWachst.
 REVERSED IMPLICATIONS ALSO ? (Y/N)
n
    1) CF: 90  ((VgProduktiv(Arbeit,IndLandwest,Zeit)
               AND WirtWachst(IndLandwest,Zeit)) AND GrößWirk(WirtWachst,
               VgProduktiv,Arbeit,IndLandwest,Zeit))
             --VrArbeitlsk(IndLandwest,Zeit)
    3) CF:100  (VgProduktiv(Arbeit,IndLandwest,Zeit)
               AND NOT WirtWachst(IndLandwest,Zeit))
             --VgArbeitlsk(IndLandwest,Zeit)
    6) CF:100  WirtWachst(IndLand,Planzeit)
             --VgAbfall(:Umweltschad,IndLand,Planzeit)
 OK:
```

```
prir VrArbeitlsk.
 REVERSED IMPLICATIONS ALSO ? (Y/N)
n
    1) CF: 90  ((VgProduktiv(Arbeit,IndLandwest,Zeit)
                AND WirtWachst(IndLandwest,Zeit)) AND
                GrößWirk(WirtWachst,VgProduktiv,Arbeit,IndLandwest,Zeit))
              --VrArbeitlsk(IndLandwest,Zeit)
 OK:

prir VrArbeitlsk.
 REVERSED IMPLICATIONS ALSO ? (Y/N)
y
    1) CF: 90  ((VgProduktiv(Arbeit,IndLandwest,Zeit)
                AND WirtWachst(IndLandwest,Zeit)) AND
                GrößWirk(WirtWachst,VgProduktiv,Arbeit,IndLandwest,Zeit))
              --VrArbeitlsk(IndLandwest,Zeit)
 R  5) CF:100  NOT VgSozSicherh(Europawest,Zeit)
              --NOT VrArbeitlsk(Europawest,Zeit)
 OK:

priso Arbeit.
 REVERSED IMPLICATIONS ALSO ? (Y/N)
n
    1) CF: 90  ((VgProduktiv(Arbeit,IndLandwest,Zeit)
                AND WirtWachst(IndLandwest,Zeit)) AND
                GrößWirk(WirtWachst,VgProduktiv,Arbeit,IndLandwest,Zeit))
              --VrArbeitlsk(IndLandwest,Zeit)
    2) CF: 90  NOT VgArbeittlg(IndLand,Planzeit)
              --NOT VgProduktiv(Arbeit,IndLand,Planzeit)
    3) CF:100  (VgProduktiv(Arbeit,IndLandwest,Zeit)
                AND NOT WirtWachst(IndLandwest,Zeit))
              --VgArbeitlsk(IndLandwest,Zeit)
    4) CF: 80  VgArbeittlg(IndLand,Planzeit)
              --VgMonotonie(Arbeit,IndLand,Planzeit)
 OK:
```

2.3.5 PRIP : Prämissen ausgeben

Mit den **PRIP-Befehlen** (print premises) lassen sich Prämissen und Konklusionen nach verschiedenen Gesichtspunkten auswählen und ausgeben.

PRIP ALL.	gibt alle im Modul vorhandenen Prämissen und Konklusionen aus.
PRIP <Prädikat>.	gibt alle Prämissen und Konklusionen mit dem Prädikat <Prädikat> aus.
PRIP <Nr.>.	gibt die Prämisse/Konklusion <Nr.> aus.
PRIP <Nr.>,.	gibt alle Prämissen und Konklusionen von der Nummer <Nr.> an aufwärts aus.
PRIP <Nr.1>, <Nr.2>.	gibt die Prämissen bzw. Konklusionen von Nummer <Nr.1> bis <Nr.2> aus.

PRIPSO <Objekt 1> ,..., <Objekt n>.
(n maximal 8) gibt die Prämissen und Konklusionen aus, die die Objekte <Objekt 1>,...,<Objekt n> enthalten oder auf diese - im Sinne des Übergangs vom Allgemeinen zum Besonderen - reduziert werden können.

PRIP. gibt im Anschluß an einen Konklusionsprozeß (s. 2.2.1)) nur die zugehörigen Prämissen aus.

Handelt es sich um einen mehrstufigen Konklusionsprozeß (s. 2.2.1), so werden die jeweiligen Prämissen der einzelnen Stufen gesondert aufgelistet. Das gilt nur solange, wie von den zum Konklusionsprozeß gehörenden Aussagen (Prämissen und Konklusionen) nichts gelöscht wird (s. DELP-Befehl 2.4.4). In diesem Fall gilt der Konklusionsprozeß als abgeschlossen: alle vorhandenen Aussagen werden als Prämissen für einen neuen Konklusionsprozeß aufgefaßt. PRIP hat jetzt dieselbe Wirkung wie PRIP ALL.

PRIPCF. gibt alle Prämissen und Konklusionen in der Reihenfolge absteigender Gewißheit aus.

PRIPCF <CF1>,<CF2>. gibt alle Prämissen und Konklusionen aus, deren Gewißheit nicht kleiner als <CF1> und nicht größer als <CF2> ist.

Alle Prämissen bzw. Konklusionen werden mit Nummern, Gewißheitsfaktoren (CF) und - falls es sich um einen Orientormodul handelt - mit dem Betroffenheitsfaktor (AF) ausgegeben. Alle Prämissen sind durch ein vorgesetztes P gekennzeichnet.

Beispiele:

```
prip all.
 P  1) CF:100  VgProduktiv(Arbeit,Land,Zeit)
 P  2) CF: 50  WirtWachst(IndAusl,Zukunft)
 P  3) CF: 40  GrößWirk(WirtWachst,VgProduktiv,Arbeit,Europa,Planzeit)
    4) CF: 36  VrArbeitlsk(EuropAuslwest,naheZukunft)
    5) CF: 90  VgArbeittlg(IndLand,Planzeit)
    6) CF: 50  VgAbfall(:Umweltschad,IndAusl,naheZukunft)
    7) CF: 36  VgSozSicherh(EuropAuslwest,naheZukunft)
    8) CF: 72  VgMonotonie(Arbeit,IndLand,Planzeit)
 OK:

prip.
 PREMISES (1) :
 P  1) CF:100  VgProduktiv(Arbeit,Land,Zeit)
 P  2) CF: 50  WirtWachst(IndAusl,Zukunft)
 P  3) CF: 40  GrößWirk(WirtWachst,VgProduktiv,Arbeit,Europa,Planzeit)
 OK:
```

```
pric.
 CONCLUSIONS (1) :
    4) CF: 36  VrArbeitlsk(EuropAuslwest,naheZukunft)
    5) CF: 90  VgArbeittlg(IndLand,Planzeit)
    6) CF: 50  VgAbfall(:Umweltschad,IndAusl,naheZukunft)
    7) CF: 36  VgSozSicherh(EuropAuslwest,naheZukunft)
    8) CF: 72  VgMonotonie(Arbeit,IndLand,Planzeit)
 OK:

pripso IndLand.
 P  1) CF:100  VgProduktiv(Arbeit,Land,Zeit)
    5) CF: 90  VgArbeittlg(IndLand,Planzeit)
    8) CF: 72  VgMonotonie(Arbeit,IndLand,Planzeit)
 OK:

pripso Arbeit,BRD,Zeit.
 P  1) CF:100  VgProduktiv(Arbeit,Land,Zeit)
 OK:

pripcf.
 P  1) CF:100  VgProduktiv(Arbeit,Land,Zeit)
    5) CF: 90  VgArbeittlg(IndLand,Planzeit)
    8) CF: 72  VgMonotonie(Arbeit,IndLand,Planzeit)
 P  2) CF: 50  WirtWachst(IndAusl,Zukunft)
    6) CF: 50  VgAbfall(:Umweltschad,IndAusl,naheZukunft)
 P  3) CF: 40  GrößWirk(WirtWachst,VgProduktiv,Arbeit,Europa,Planzeit)
    4) CF: 36  VrArbeitlsk(EuropAuslwest,naheZukunft)
    7) CF: 36  VgSozSicherh(EuropAuslwest,naheZukunft)
 OK:

pripcf 50,70.
 P  2) CF: 50  WirtWachst(IndAusl,Zukunft)
    6) CF: 50  VgAbfall(:Umweltschad,IndAusl,naheZukunft)
 OK:

pripcf 50,80.
 P  2) CF: 50  WirtWachst(IndAusl,Zukunft)
    6) CF: 50  VgAbfall(:Umweltschad,IndAusl,naheZukunft)
    8) CF: 72  VgMonotonie(Arbeit,IndLand,Planzeit)
 OK:

delp 3,5.
 OK:

prip.
 P  1) CF:100  VgProduktiv(Arbeit,Land,Zeit)
 P  2) CF: 50  WirtWachst(IndAusl,Zukunft)
 P  6) CF: 50  VgAbfall(:Umweltschad,IndAusl,naheZukunft)
 P  7) CF: 36  VgSozSicherh(EuropAuslwest,naheZukunft)
 P  8) CF: 72  VgMonotonie(Arbeit,IndLand,Planzeit)
 OK:

prip 2,7.
 P  2) CF: 50  WirtWachst(IndAusl,Zukunft)
 P  6) CF: 50  VgAbfall(:Umweltschad,IndAusl,naheZukunft)
 P  7) CF: 36  VgSozSicherh(EuropAuslwest,naheZukunft)
 OK:
```

```
prip 7,.
 P  7) CF: 36  VgSozSicherh(EuropAuslwest,naheZukunft)
 P  8) CF: 72  VgMonotonie(Arbeit,IndLand,Planzeit)
 OK:
```

2.3.6 PRIT : Zeitkette ausgeben

Der **PRIT-Befehl** (print time) informiert über die gewählte Zeitkette.

PRIT. gibt die durch TIME definierte Zeitkette aus.

Beispiel:

```
prit.
 THE TIME CHAIN IS:
   heute
   naheZukunft
   mittlZukunft
   ferneZukunft
 OK:
```

2.3.7 PRIV : Orientoren ausgeben

Mit dem **PRIV-Befehl** (print value) lassen sich die Orientoren mit ihren Wertgewichten ausgeben.

PRIV <Nr.>. gibt die durch die VALUE <Nr.> eingegebenen Informationen aus: die maßgebenden Orientoren mit ihren Gewichten sowie den zugehörigen Prädikatenschlüssel (s. 2.1.5).

Beispiel:

```
priv 1.
 VALUE SET  1 WITH WEIGHTS:
   KultIdentität      30
   Lebensstandard     60
   Leistfähigk        70
   HumaneArbeit       80
   Demokratie         90
   ÖkologVertr       100
   IntnatVertr        80
   GerVerwundb        40
   Solidarität        90

 THE PREDICATE KEY IS: btr
 OK:
```

2.3.8 PRIC : Konklusionen ausgeben

Der **PRIC-Befehl** (print conclusions) führt zur Ausgabe der vorhandenen Konklusionen.

PRIC. gibt im Anschluß an einen Konklusionsprozeß (s. CONCL-Befehl) alle Konklusionen aus und zwar für jede Stufe des Konklusionsprozesses gesondert aufgelistet.

Gilt der Konklusionsprozeß als nicht mehr existent (durch Löschung einzelner Prämissen oder Konklusionen mittels DELP-Befehl), so liefert PRIC keine Information (vgl. auch PRIP-Befehl).

Beispiel: (s. Beispiele zu 2.2.1 und 2.2.3)

2.3.9 SE : selektive Ausgabe beginnen
ES : selektive Ausgabe beenden

Der **SE- und ES-Befehl** (selected output, end of selected output) ermöglicht die selektive Ausgabe bei PRI und PRIP-Befehlen.

SE. kann nach den Befehlen PRI <Prädikat>, PRIR <Prädikat> und PRISO <Objektliste> bzw. nach PRIP <Prädikat> und PRIPSO <Objektliste> eingegeben werden. Für die nachfolgenden Befehle dieser Art bleiben dann die einschränkenden Bedingungen des letzten (vor SE eingegebenen) PRI- bzw. PRIP-Befehls bestehen, solange nicht ES eingegeben wird.

Beispiel: Die Befehlsfolge 'PRIR <Prädikat>. SE. PRISO <Objektliste>.' bewirkt zunächst die Ausgabe aller Implikationen, die rechts <Prädikat> enthalten, und danach die Ausgabe der Implikationen, die **außerdem** alle Objekte der <Objektliste> enthalten (bzw. auf diese reduziert werden können).

'PRISO <Objekt1>. SE. PRISO <Objekt2>.' generiert denselben Output wie 'PRISO <Objekt1>. PRISO <Objekt1>, <Objekt2>.'

ES. beendet die selektive Ausgabe: nachfolgende PRI- und PRIP-Befehle beziehen sich wieder auf alle vorhandenen Implikationen bzw. Prämissen/Konklusionen.

Beispiele:

```
priso IndLand.
 REVERSED IMPLICATIONS ALSO ? (Y/N)
n
```

```
     2) CF: 90  NOT VgArbeittlg(IndLand,Planzeit)
              --NOT VgProduktiv(Arbeit,IndLand,Planzeit)
     4) CF: 80  VgArbeittlg(IndLand,Planzeit)
              --VgMonotonie(Arbeit,IndLand,Planzeit)
     6) CF:100  WirtWachst(IndLand,Planzeit)
              --VgAbfall(:Umweltschad,IndLand,Planzeit)
 OK:

se.
 OK:

prir WirtWachst.
 REVERSED IMPLICATIONS ALSO ? (Y/N)
n
 SE:
 OK:
prir WirtWachst.
 REVERSED IMPLICATIONS ALSO ? (Y/N)
y
 SE:
 R  6) CF:100  NOT VgAbfall(:Umweltschad,IndLand,Planzeit)
             --NOT WirtWachst(IndLand,Planzeit)
 OK:

es.
 OK:

prir WirtWachst.
 REVERSED IMPLICATIONS ALSO ? (Y/N)
y
 R  1) CF: 90  (( NOT VrArbeitlsk(IndLandwest,Zeit)
               AND VgProduktiv(Arbeit,IndLandwest,Zeit)) AND
               GrößWirk(WirtWachst,VgProduktiv,Arbeit,IndLandwest,Zeit))
             --NOT WirtWachst(IndLandwest,Zeit)
 R  3) CF:100  ( NOT VgArbeitlsk(IndLandwest,Zeit)
               AND VgProduktiv(Arbeit,IndLandwest,Zeit))
             --WirtWachst(IndLandwest,Zeit)
 R  6) CF:100  NOT VgAbfall(:Umweltschad,IndLand,Planzeit)
             --NOT WirtWachst(IndLand,Planzeit)
 OK:

pripso Europa.
 P  1) CF:100  VgProduktiv(Arbeit,Land,Zeit)
 P  3) CF: 40  GrößWirk(WirtWachst,VgProduktiv,Arbeit,Europa,Planzeit)
    5) CF: 90  VgArbeittlg(IndLand,Planzeit)
    8) CF: 72  VgMonotonie(Arbeit,IndLand,Planzeit)
 OK:

se.
 OK:

pripso IndLand.
 SE:
 P  1) CF:100  VgProduktiv(Arbeit,Land,Zeit)
    5) CF: 90  VgArbeittlg(IndLand,Planzeit)
    8) CF: 72  VgMonotonie(Arbeit,IndLand,Planzeit)
 OK:
```

2.3.10 STAT : Information über Modul einholen

Der STAT-Befehl (Status) informiert über den Modul.

STAT. liefert Informationen über den noch vorhandenen Speicherplatz zur Aufnahme der Objektstrukturen, Implikationen und Prämissen bzw. der zugehörigen Objekt- und Prädikatnamen sowie der notwendigen Verzeigerungen. Daneben wird angezeigt, um welchen Typ von Modul es sich handelt, ob Umkehrimplikationen generiert wurden (MODUS PONENS AND MODUS TOLLENS) usw.

Beispiel:

```
stat.
MEMORY SPACE FOR...                          AVAILABLE   USED
------------------------------------------------------------
OBJECTS                                          499      267
LINKAGES IN OBJECT STRUCTURES                    666      566

PREDICATES                                       299      130
IMPLICATIONS                                    1001      120
LINKAGES: PREDICATES TO IMPLICATIONS            3400      526
OPERANDS (LINKAGES TO PREDICATES)/
OPERATORS IN IMPLICATIONS                       2600      665
LINKAGES: PREDICATES TO OBJECTS                 5100     1054

PREMISES/CONCLUSIONS                            1899        8
LINKAGES: PREDICATES TO OBJECTS                 3999       17

KNOWLEDGE MODULE, MODUS PONENS ONLY
TIME CHAIN DEFINED

THE MODULE *** thai          *** CONTAINS:
 267 OBJECTS           130 PREDICATES
 120 IMPLICATIONS        8 PREMISES/CONCLUSIONS
OK:
```

Achtung! Unter IMPLICATIONS...USED oben wird die Zahl aller Implikationen (einschließlich der Umkehrimplikationen) angegeben, während unten nur die Zahl der eingegebenen (und nicht gelöschten) Implikationen angegeben wird. In Sachmoduln mit Umkehrimplikationen sind diese Zahlen also unterschiedlich!

2.4 Strukturänderungsbefehle

2.4.1 SYN : Synonyme Prädikate definieren

Der **SYN-Befehl** (Synonym) erlaubt die Gleichsetzung zweier Prädikate.

SYN <PrädikatNeu> , <PrädikatAlt>. erklärt <PrädikatNeu> als synonym zu <PrädikatAlt> .

Das alte Prädikat muß ein bereits definiertes (d.h. schon einmal im Modul verwendetes) Prädikat sein. Ist das nicht der Fall, reagiert das System mit UNKNOWN PREDICATE. Ist das neue Prädikat nicht definiert, so geschieht dies mit seiner Verwendung im SYN-Befehl . Nach einem SYN-Befehl werden die beiden Prädikate bei der internen Verarbeitung als gleichbedeutend angesehen; bei der Ausgabe wird das alte Prädikat verwendet. Auf diese Weise kann man versehentlich falsch geschriebene Prädikate korrigieren, ohne z.B. eine ganze Implikation neu eintippen zu müssen. Der SYN-Befehl hat eine untergeordnete Bedeutung für den praktischen Gebrauch von DEDUC.

2.4.2 DELO : Objekt löschen

Mit den **DELO-Befehlen** (delete object) lassen sich bestimmte Objekte löschen.

DELO ALL.	löscht alle Objekte des Moduls.
DELO <Objekt> .	löscht das Objekt bzw. die Objektstruktur <Objekt> und alle zugehörigen Teilklassen bzw. Exemplare, sofern sie nicht auch zu anderen Oberklassen gehören.

Beispiel:

```
prio IndLandwest.
  IndLandwest
    IndAuslwest
      USA
      Japan
      EuropAuslwest
    Europawest
      EuropAuslwest
      BRD
 OK:
delo Europawest.
 OK:
prio IndLandwest.
  IndLandwest
    IndAuslwest
      USA
      Japan
      EuropAuslwest
 OK:
```

Wurde ein gelöschtes Objekt bereits vorher in einer Implikation oder Prämisse benutzt, so wird durch den DELO-Befehl der Zugriff zu der betreffenden Objektstruktur und ihren Teilklassen bzw. Exemplaren gesperrt. Ein gesperrtes Objekt in einer Implikation oder Prämisse wird mit XXXX ausgeschrieben. Durch eine Neudefinition des Objekts wird der Zugriff zu dem Objekt wieder frei. Soll ein anderes Objekt (genauer: Objektname) an die Stelle des alten treten, so muß man freilich die betreffenden Implikationen bzw. Prämissen löschen und neu eingeben.

2.4.3 DEL : Implikationen löschen

Die **DEL-Befehle** (delete implications) löschen unter bestimmten Gesichtspunkten ausgewählte Implikationen.

DEL ALL.	löscht alle Implikationen des Moduls.
DEL <Prädikat>.	löscht alle Implikationen des Moduls, die auf der linken Seite das Prädikat <Prädikat> enthalten.
DEL <Nr.>.	löscht die Implikation mit der Implikationsnr. <Nr.> .
DEL <Nr.>,.	löscht alle Implikationen von Implikationsnr. <Nr.> an aufwärts.
DEL <Nr.1> , <Nr.2>.	löscht alle Implikationen von Implikationsnr. <Nr.1> bis <Nr.2> .

Enthält der Modul zu den jeweiligen eingegebenen Implikationen auch die (logisch äquivalenten) Umkehrimplikationen (Sachmodul mit modus tollens; s. 1.3.2), so werden diese jeweils mit gelöscht.

2.4.4 DELP : Prämissen löschen

Der **DELP-Befehl** (delete premises) wird zum (selektiven) Löschen von Prämissen verwendet.

DELP ALL.	löscht alle Prämissen und Konklusionen des Moduls.
DELP <Prädikat>.	löscht alle Prämissen und Konklusionen mit dem Prädikat <Prädikat> .
DELP <Nr.>.	löscht die Prämisse oder Konklusion mit der Nummer <Nr.>.
DELP <Nr.>,.	löscht alle Prämissen und Konklusionen von Nummer <Nr.> an aufwärts.
DELP <Nr.1>, <Nr.2>.	löscht alle Prämissen bzw. Konklusionen von Nummer <Nr.1> bis <Nr.2> .

2.4.5 CCF : Implikations-Gewißheit ändern

Mit den **CCF-Befehlen** (change certainty factors) werden die Gewißheitsfaktoren von Implikationen geändert.

CCF ALL. dient der Änderung der Gewißheitsfaktoren CF aller Implikationen.

Das System fragt sukzessive nach den neuen Gewißheitsfaktoren. Bei Eingabe von N(EXT) <Nr.> geht die Abfrage bei der Implikation mit der Nummer <Nr.> weiter. Bei Eingabe von P(RI) wird die gerade zur Änderung anstehende Implikation ausgegeben. Durch Eingabe von F(IN) kann der Vorgang beendet werden.

CCF <Nr.>. dient der Änderung des Gewißheitsfaktors der Implikation mit der Nummer <Nr.>.

Beispiel:

```
ccf all.
 NEW CF OF IMPL.  1 = ?
50
 NEW CF OF IMPL.  2 = ?
pri
    2) CF:100  NOT VgArbeittlg(IndLand,Planzeit)
             --NOT VgProduktiv(Arbeit,IndLand,Planzeit)
 NEW CF OF IMPL.  2 = ?
80
 NEW CF OF IMPL.  3 = ?
n 5
 NEW CF OF IMPL.  5 = ?
p
    5) CF:100  VrArbeitlsk(Europawest,Zeit)
             --VgSozSicherh(Europawest,Zeit)
 NEW CF OF IMPL.  5 = ?
90
 NEW CF OF IMPL.  6 = ?
f
 OK:

ccf 4.
 NEW CF OF IMPL.  4 = ?
p
    4) CF: 80  VgArbeittlg(IndLand,Planzeit)
             --VgMonotonie(Arbeit,IndLand,Planzeit)
 NEW CF OF IMPL.  4 = ?
60
 OK:
```

2.4.6 CCFP : Prämissen-Gewißheit ändern

Mit dem **CCFP-Befehl** (change certainty factor of premises) werden die Gewißheitsfaktoren von Prämissen geändert.

CCFP ALL. dient der Änderung der Gewißheitsfaktoren CF aller Prämissen.

CCFP <Nr.>. dient der Änderung des Gewißheitsfaktors der Prämisse mit der Nummer <Nr.> .

Das Verfahren entspricht der Vorgehensweise bei CCF.

2.4.7 CLF : Ladefaktoren ändern

Mit den **CLF-Befehlen** (change load factors) werden die Ladefaktoren in Orientormoduln geändert.

CLF ALL. dient der Änderung der Ladefaktoren LF der Implikationen eines Orientormoduls (s. 1.4.3).

CLF <Nr.>. dient der Änderung des Ladefaktors der Implikation <Nr.>.

Das Verfahren entspricht der Vorgehensweise bei CCF.

2.4.8 CAF : Betroffenheitsfaktor ändern

Mit dem **CAF-Befehl** (change affectedness factors) werden die Betroffenheitsfaktoren in Orientormoduln geändert.

CAF ALL. dient der Änderung der Betroffenheitsfaktoren von Prämissen für den Orientormodul.

CAF <Nr.>. dient der Änderung des Betroffenheitsfaktors der Prämisse <Nr.>.

Das Verfahren entspricht der Vorgehensweise bei CCF.

2.4.9 CV : Orientorenmenge ändern

Der **CV-Befehl** (change values) dient der Änderung einzelner Werte einer Orientorenmenge (value set) und ihrer Gewichte (s. VALUE-Befehl).

CV <Nr.>. veranlaßt die Ausgabe der einzelnen Orientoren der Orientorenmenge <Nr.> und fragt die neuen Wertgewichte ab.

Die Werte werden der Reihe nach ausgegeben; der Benutzer gibt das zugehörige neue Gewicht ein. Bei Eingabe von N(EXT) <Nr.> geht es bei der Listenposition <Nr.> weiter. In diesem Fall muß der Benutzer den (neuen) Wert und das Gewicht eingeben. Auf diese Weise können einzelne Werte geändert werden.

Beispiel:

```
cv 1.
 KultIdentität      NEW WEIGHT:
40
 Lebensstandard     NEW WEIGHT:
60
 Leistfähigk        NEW WEIGHT:
n 8
 GerStöranfälligk
 NEW VALUE AND WEIGHT:
GerVerwundb 50
 Solidarität        NEW WEIGHT:
f
 OK:
priv 1.
 VALUE SET  1 WITH WEIGHTS:
   KultIdentität      40
   Lebensstandard     60
   Leistfähigk        90
   HumaneArbeit       60
   Demokratie         70
   ÖkologVertr        50
   IntnatVertr        40
   GerVerwundb        50
   Solidarität        50

 THE PREDICATE KEY IS: btrl
 OK:
```

3. DEDUC-Bearbeitungsabläufe

3.1 Anfangsphase

Der Ablauf sei anhand der Abb. 3.1 erläutert. Nachdem sich das DEDUC-System gemeldet hat, wird der Katalog der - in Datei DEDUCF.CAT - gespeicherten Moduln präsentiert (falls er nicht leer ist) - im Beispiel ... TESTl TEST2 - und es wird nach dem Namen des Moduls gefragt, der bearbeitet werden soll. Ist der Katalog leer, wird gleich nach dem Namen des (neuen) Moduls gefragt.

Der Benutzer kann seine Antworten in Groß- oder Kleinbuchstaben eingeben.

Wählt der Benutzer einen der vorhandenen Moduln, werden die entsprechenden Datenstrukturen von der Datei DEDUCF.CAT in das DEDUC System eingelesen. Das System meldet, ob es sich um einen Sachmodul oder Orientormodul handelt (s.u.). Weitere Informationen über den Status des Moduls liefert der STAT-Befehl. Danach kann die eigentliche Bearbeitung in der Kommandophase beginnen. Wird ein nicht vorhandener Name eingegeben - im Beispiel ENERGIE - meldet das System NEW MODULE und fragt, ob der neue Modul als Sachmodul (oder Orientormodul) aufgebaut werden soll: "KNOWLEDGE MODULE? (Y/N)".

Falls der Modul als **Sachmodul** aufgebaut wird ("Y"), bedeutet dies:

- Befehle, die unmittelbar mit der Bewertung zusammenhängen (AF, LF, CLF, CAF, RLF, RAF, ROF, VALUE, PRIV, SEV, CV, EVAL, CFINT) sind hier nicht möglich. Das System reagiert beim Versuch mit entsprechendem Hinweis.
- Die Deduktion kann entweder nur im modus ponens oder in modus ponens und modus tollens erfolgen. Das System stellt deshalb die Frage "DEDUCTION IN MODUS PONENS ONLY? (Y/N)". Bei Bejahung kann bei den nachfolgenden Deduktionen im Sachmodul nur im Sinne der klassischen Schlußregel modus ponens geschlossen werden: "*Wenn eine Aussage A die Aussage B impliziert und A wahr ist, dann ist auch B wahr*". Bei Verneinung generiert das System automatisch zu jeder eingegebenen Implikation die logisch äquivalenten Umkehrimplikationen[8] nach dem logischen Gesetz: "*A impliziert B*" ist äquivalent zu "*Nicht-B impliziert Nicht-A*". Dadurch können auch Konklusionen im Sinne der klassischen Schlußregel modus tollens gezogen werden: "*Wenn eine Aussage A die Aussage B impliziert und Nicht-B wahr ist, so ist auch Nicht-A wahr*".

Falls der Modul als **Orientormodul** aufgebaut wird ("N"), bedeutet dies:

- Es werden keine Umkehrimplikationen erzeugt. Die Deduktion erfolgt nur im modus ponens. Die Implikationen dürfen nur von eingeschränkter Form sein (links einfacher negierter oder nicht negierter Prädikatenausdruck, rechts Liste solcher Ausdrücke). Der Orientormodul darf keine Sach-Sach-Implikationen enthalten! Alle mit der Evaluation unmittelbar zusammenhängenden Befehle (s.o.) können ausgeführt werden.

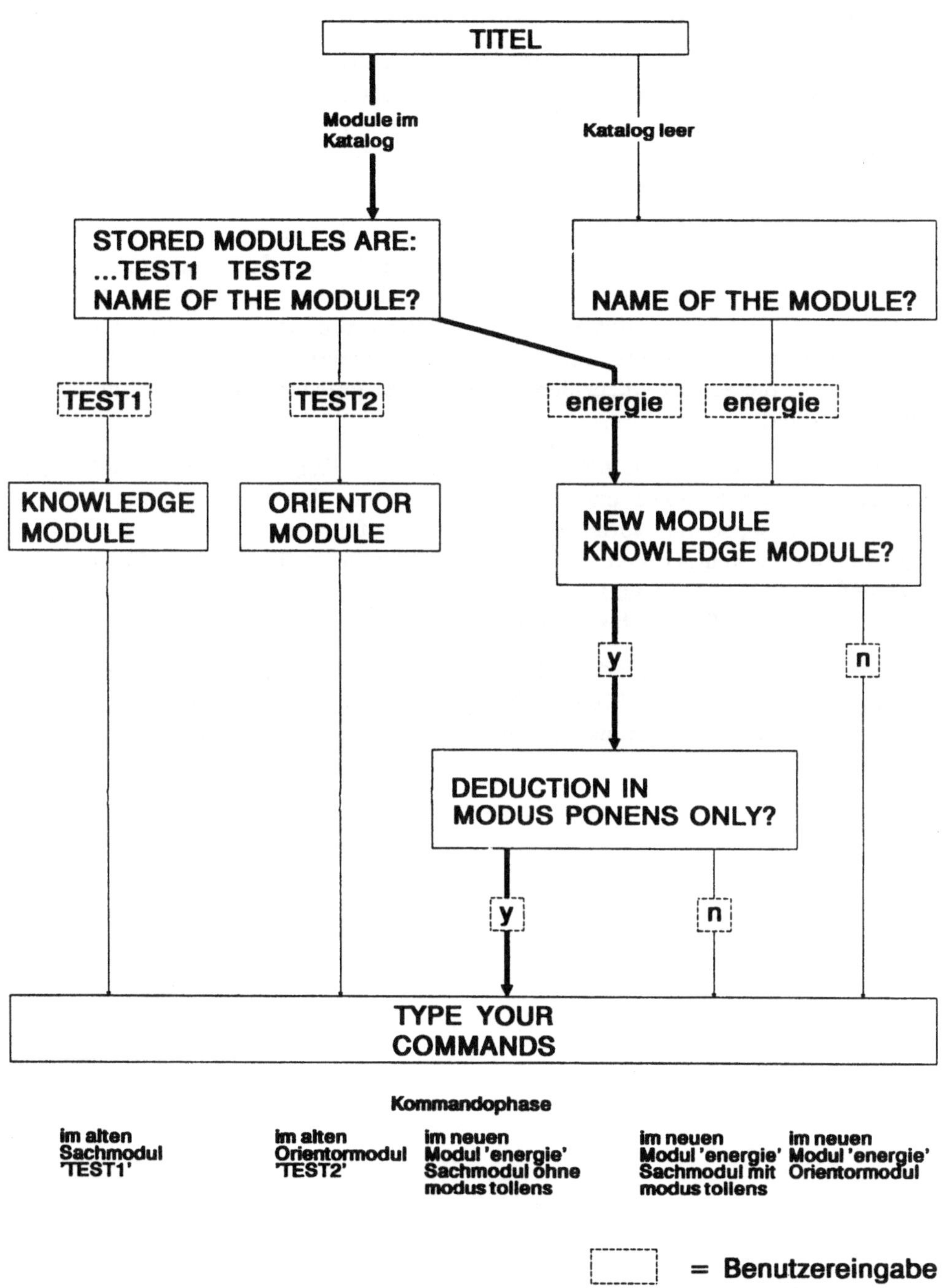

Abb. 3.1 Struktur der Anfangsphase des DEDUC-Programmablaufs.

3.2 Kommandophase (Arbeitsphase)

Sie beginnt stets mit der Systemmeldung TYPE YOUR COMMANDS. Die zu bearbeitenden Konzepte - Objektstrukturen, Implikationen und Prämissen - (aber auch eigentliche Befehle) können entweder direkt im Dialog eingegeben oder mittels des RF-Befehls von einer vorbereiteten Datei eingelesen werden (wobei sich letzteres bei größeren Datenmengen unbedingt empfiehlt).

Die einzelnen Kommandos (s. Kap. 2) sind syntaktisch gesehen voneinander unabhängig und können in beliebiger Reihenfolge eingegeben werden. Ein sinnvoller Gebrauch von DEDUC macht jedoch eine gewisse Reihenfolge erforderlich (s. Abb. 3.2: Reihenfolge der Befehle). Befehle, die mit Pfeilen verbunden sind, können sinnvollerweise nur nacheinander ausgeführt werden. Sind mehrere Pfeile auf einen Befehl gerichtet, so ist dieser erst aufzurufen, wenn die entsprechenden Befehle alle ausgeführt worden sind.

Die Ausführung von CONCL z.B. erfordert zuvor die Eingabe entsprechender Objektstrukturen, Implikationen und Prämissen. Ist unter den Implikationen eine mit Zeichen + oder #, so muß vorher auch TIME ausgeführt sein. Bevor die Evaluation ausgeführt werden kann (EVAL), müssen Konklusionen vorliegen (CONCL) und die Werte definiert (VALUE) und ausgewählt (SEV) sein, wobei es egal ist, ob erst CONCL oder VALUE/SEV durchgeführt wird.

Die Kommandophase wird mit dem END-Befehl beendet. DEDUC tritt dann mit der Meldung SAVE CURRENT MODULE? (Y/N/BACK) in die Endphase ein. Durch die Eingabe von BACK kann man von hier aus wieder in dieselbe Kommandophase zurückkehren.

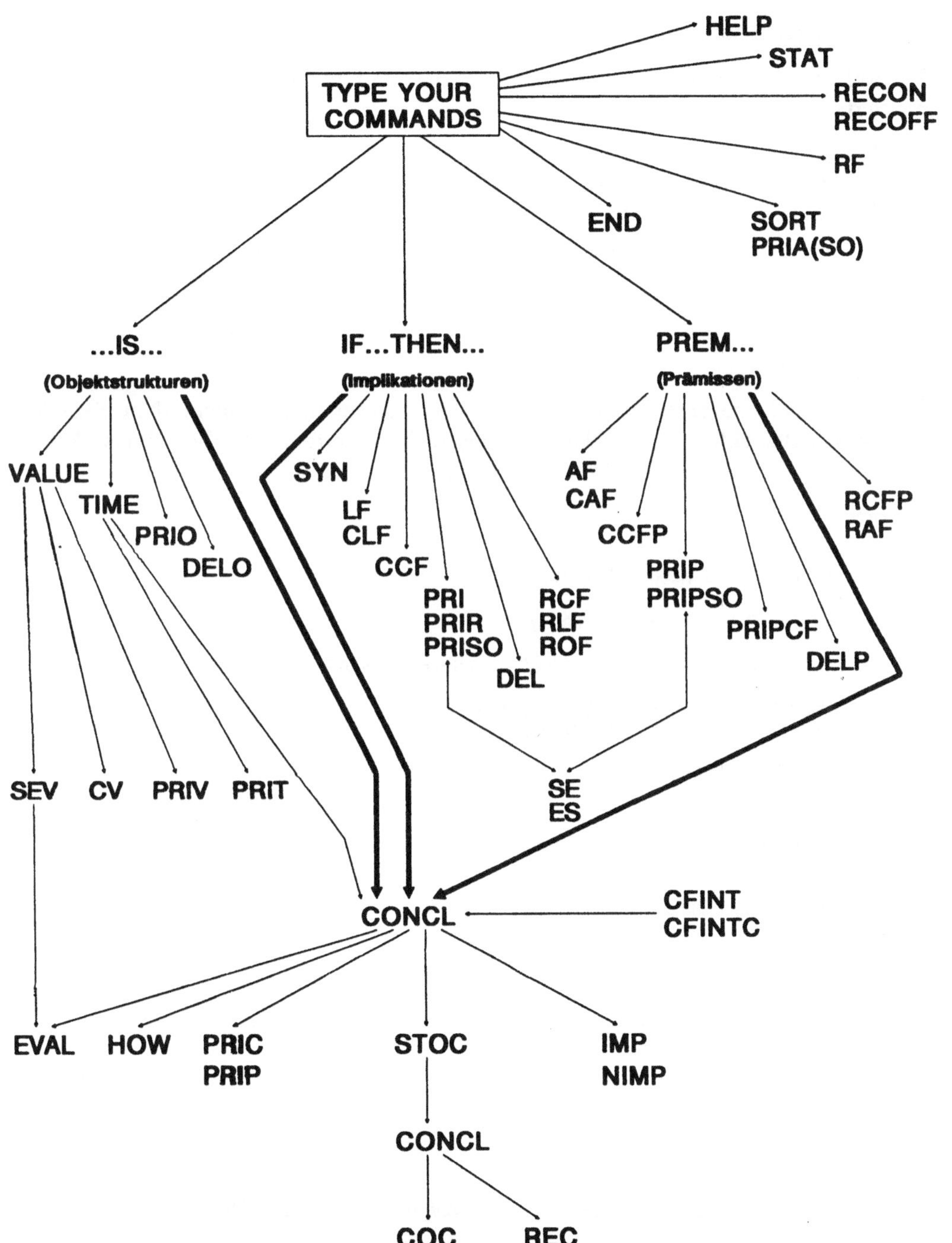

Abb. 3.2 Reihenfolge und Zuordnung der Befehle in der Arbeitsphase des DEDUC-Programmablaufs.

3.3 Endphase

Der Ablauf der Endphase ist in Abb. 3.3 skizziert und im folgenden Ausdruck dokumentiert.

Durch den END-Befehl tritt der Dialog in die Endphase ein: jetzt übernimmt wieder - wie in der Anfangsphase - das System die Dialogführung (Abb. 3.3). Das System meldet sich zunächst mit SAVE CURRENT MODULE? (Y/N/BACK). Bei Bejahung werden der letzte Stand der Konzepte (Objektstrukturen, Implikationen, Prämissen/Konklusionen) sowie die 'Zeitkette' (s. Befehle TIME und PRIT) und die Orientorenmengen (s. Befehle VALUE, PRIV und EVAL) in der Katalogdatei DEDUCF.CAT gespeichert, nicht aber die für den HOW-Befehl erforderliche 'tracing'-Information.

Handelt es sich um einen alten Modul, so kann dieser unter seinem alten Namen, aber auch unter einem neuen Namen abgespeichert werden. Auf diese Weise kann man mehrere Versionen eines Moduls erzeugen.

Beispiel:

```
end.
 SAVE CURRENT MODULE ? (Y/N/BACK)
y
 BY ITS OLD NAME ? (Y/N/BACK)
y
 TRANSFER PREMISES/CONCLUSIONS TO ANOTHER MODULE ? (Y/N/BACK)
n
 MODULES:  6 - FREE RECORDS: 16579
 DELETE ANY MODULE ? (Y/N/BACK)
y
 STORED MODULES ARE:
 test             concl            thai             orient
 test2            energ
 ENTER MODULE NAME (OR BACK, IF NO DELETION WANTED)
test
 MODULES:  5 - FREE RECORDS: 16838
 DELETE ANY MODULE ? (Y/N/BACK)
n
 CONTINUE WITH ANOTHER MODULE ? (Y/N)
y
 STORED MODULES ARE:
 concl            thai             orient           test2
 energ
 NAME OF THE MODULE ?
energ
 KNOWLEDGE MODULE
 TYPE YOUR COMMANDS
 OK:
```

Das Beispiel entspricht der stark durchgezogenen Linie im Überblicksdiagramm (Abb. 3.3).

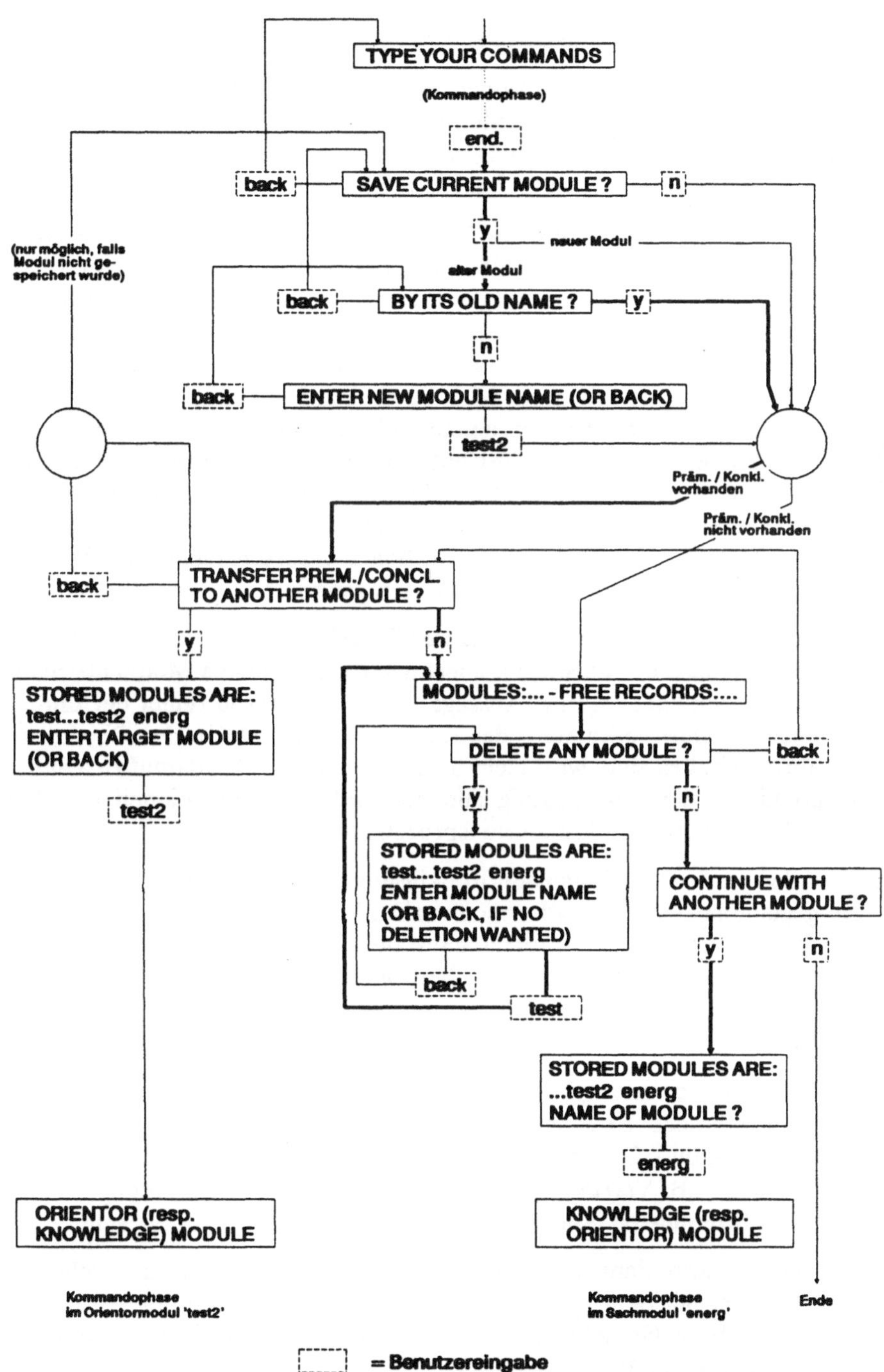

Abb. 3.3 Struktur der Endphase des DEDUC-Programmablaufs.

Übertragung von Ergebnissen in einen anderen Modul

Falls im Modul Prämissen/Konklusionen existieren, fragt das System, ob diese in einen anderen Modul übertragen werden sollen: TRANSFER PREM./CONCL. TO ANOTHER MODULE? Bei Bejahung wird das Verzeichnis der vorhandenen Moduln präsentiert; der Benutzer wählt den Zielmodul aus.

Dieser Übertragungsmechanismus des Katalogsystems stellt eine wichtige Möglichkeit dar. Er dient insbesondere der Übergabe der im Sachmodul erzeugten Konklusionen an den Orientormodul, in dem die Bewertung der Konklusionen erfolgt. Man kann aber auch durch diese Möglichkeit größere Konzeptmengen bewältigen, die nicht in **einem** Modul unterzubringen sind (zur Begrenzung der Moduln vgl. STAT-Befehl 2.3.10): man koppelt mehrere Module aneinander, indem man die Prämissen in den ersten Modul eingibt, diese zusammen mit den erzeugten Konklusionen in den nächsten Modul überträgt, sie von dort mit den (eventuell) hinzugekommenen Konklusionen an einen dritten Modul weitergibt usw., bis man schließlich vom letzten Modul das Gesamtergebnis wieder in den ersten überträgt usw. Wenn man diesen Prozeß einige Male durchläuft, hat man mit hoher Wahrscheinlichkeit alle aufgrund der gesamten Konzepte möglichen Konklusionen generiert.

Achtung: Bei der Übertragung von Prämissen/Konklusionen in einen anderen Modul werden sinnvollerweise nur diejenigen übertragen, die im neuen Modul überhaupt zu Konklusionen führen können. Eine Aussage, deren Prädikat in keiner der Implikationen des neuen Moduls vorkommt oder deren Objekte nicht in der Objektliste des neuen Moduls enthalten sind, wird nicht übertragen. Es ist also darauf zu achten, daß der Zielmodul vor der Übertragung alle notwendigen Implikationen und Objektstrukturen für den geplanten Konklusionsprozeß enthält.

Ferner werden nur solche Prämissen/Konklusionen in den anderen Modul transferiert, die gegenüber den dort evtl. schon vorhandenen mehr Informationen beinhalten. Dort bereits vorhandene Prädikatenaussagen bzw. in Gewißheit und/oder Objekten 'kleinere' Aussagen werden nicht übertragen.

Konträre Präfixe

Falls Aussagen zur Bewertung in einen Orientormodul übertragen worden sind, wird - bevor die eigentliche Kommandophase im Orientormodul mit TYPE YOUR COMMANDS beginnt - Gelegenheit gegeben, Paare **konträrer Präfixe** von Prädikaten zu bestimmen (z.B. Verringerung - Vergrößerung, Verschlechterung - Verbesserung). Diese Präfixe müssen jeweils durch zwei Buchstaben dargestellt sein.

Das Programm ersetzt dann automatisch jedes Prädikat mit einem solchen Präfix durch das Prädikat mit dem konträren Präfix, wobei gleichzeitig der AF-Faktor (affectedness factor/Betroffenheitsfaktor) negiert wird. Beispielsweise würde (bei Eingabe des Präfixpaares Vr Vg) die Aussage

```
VrArbeitslsk(...) AF 100
```

ersetzt durch

```
VgArbeitslsk(...) AF -100.
```

Es wird hier also von dem Postulat ausgegangen, daß eine Aussage in demselben Maße positiv (negativ) zu bewerten ist, wie ihr (konträres) Gegenteil negativ (positiv) eingeschätzt wird. Auf diese Weise spart man eine Menge Sach-Wert-Implikationen (Übergänge von den Sachkonsequenzen auf die Orientorhierarchie; vgl. 1.4.2) ein: die Übergangsimplikationen brauchen jeweils nur für eines der konträren Prädikate (und zwar für das zweite) explizit formuliert zu werden. Außerdem wird bei Übergabe in den Orientormodul die Definition einer Zeitkette (s.TIME-Befehl) veranlaßt, falls diese noch nicht in diesem Orientormodul existiert.

Die transferierten Statements werden dann entsprechend der Zeitpunkte der Zeitkette 'vervielfältigt'. Aus P(Zeit) wird P(heute), P(naheZukunft), P(mittlZukunft), P(ferneZukunft); aus Q(Zukunft) wird Q(naheZukunft), Q(mittlZukunft), Q(ferne Zukunft). Dies ist notwendig für eine korrekte Bearbeitung der Evaluation in Zeitstufen (vgl. EVAL-Befehle 2.2.8). Es ist darauf zu achten, daß die Zeitpunkte der Zeitkette zwar zu Klassen zusammengefaßt sein können (Planzeit, Zukunft), aber selbst nicht weiter unterteilt sein dürfen (vgl. 2.1.4). Eine Definition der Zeitkette ist bei Übergabe in einem Orientormodul nur dann nicht erforderlich (Eingabe von NO oder FIN), wenn in den Implikationen des Orientormoduls das Zeitobjekt nicht vorhanden ist.

Beispiel:

```
prip.
 P  1) CF: 80  VgProduktiv(Arbeit,Land,Zeit)
 P  2) CF: 60  VrArbeitlsk(BRD,Zukunft)
 OK:
end.
 SAVE CURRENT MODULE ? (Y/N/BACK)
n
 TRANSFER PREMISES/CONCLUSIONS TO ANOTHER MODULE ? (Y/N/BACK)
y
 STORED MODULES ARE:
 concl            thai             orient           test2
 energ            orient2          vv1              vv2
 ENTER TARGET MODULE (OR BACK)
orient2
 ORIENTOR MODULE
 DEFINE PAIRS OF PREFIXES ? (Y/N)
y
 PAIR  1 ?
Vr Vg
 PAIR  2 ?
f
 SPECIFY THE TIME CHAIN
 TIME  1 ?
heute
```

```
 TIME  2 ?
naheZukunft
 TIME  3 ?
mittlZukunft
 TIME  4 ?
ferneZukunft
 TIME  5 ?
f
 TYPE YOUR COMMANDS
 OK:
prip all.
    1) CF: 80  AF: 100  VgProduktiv(Arbeit,Land,heute)
    2) CF: 80  AF: 100  VgProduktiv(Arbeit,Land,naheZukunft)
    3) CF: 80  AF: 100  VgProduktiv(Arbeit,Land,mittlZukunft)
    4) CF: 80  AF: 100  VgProduktiv(Arbeit,Land,ferneZukunft)
    5) CF: 60  AF:-100  VgArbeitlsk(BRD,naheZukunft)
    6) CF: 60  AF:-100  VgArbeitlsk(BRD,mittlZukunft)
    7) CF: 60  AF:-100  VgArbeitlsk(BRD,ferneZukunft)
 OK:
```

In diesem Beispiel ist 'VrArbeitslsk' (Verringerung der Arbeitslosigkeit) durch 'VgArbeitslsk' mit entsprechender Umkehrung der Vorzeichen des AF-Faktors ersetzt worden.

Beenden der Bearbeitung

Falls der Modul keine Prämissen/Konklusionen enthält oder die Transfer-Frage verneint wird, meldet das System: MODULES: ... - FREE RECORDS: ... (in der derzeitigen Version sind maximal 50 Moduln möglich; Recordzahl: 30000).

Danach bietet das System die Gelegenheit, nicht mehr aktuelle Moduln vom Katalog zu löschen: DELETE ANY MODULE? Bei Bejahung wird wieder das Modulverzeichnis präsentiert, aus dem der Benutzer den zu löschenden Modul auswählt.

Danach kann man das Programm verlassen oder in einem anderen Modul fortfahren: CONTINUE WITH ANOTHER MODULE ?

Auf eine Möglichkeit sei noch aufmerksam gemacht: in der Endphase kann der Benutzer an einigen Stellen durch die Eingabe von **BACK** seine zuletzt getroffene Entscheidung rückgängig machen. So ist z.B. möglich, zu Beginn der Endphase in die Kommandophase zurückzukehren. Oder hat man z.B. auf die Frage DELETE ANY MODULE? versehentlich mit YES geantwortet, so kann man dies bei der nächsten Antwortmöglichkeit durch die Eingabe von BACK korrigieren.

3.4 Makrostruktur des Konklusionsalgorithmus

Der Ablauf des Konklusionsprozesses (vgl. 1.3 und 2.2.1) ist in Abb. 3.4 skizziert und in den folgenden Erläuterungen zusammengefaßt.

(1) Start des Konklusionsprozesses mit der **Aussagenmenge A** der Prämissen (in der Liste PC)

(2) Ermittlung der **Implikationenmenge I(A)**: Zu A wird die Menge I(A) der 'potentiellen Implikationen' ermittelt; das sind diejenigen Implikationen, die auf ihrer linken Seite (mindestens) eines der in A vorhandenen Prädikate enthalten.

(3) **Bewahrheitung der linken Seite**: Die Implikationen aus I(A) werden der Reihe nach auf der Basis der bis dahin vorhandenen Aussagen (Prämissen und Konklusionen) der Liste PC zu bewahrheiten versucht.

(4) **Konklusionsgenerierung**: Falls sich die linke Seite bewahrheiten läßt, ergeben sich aus der rechten Seite der Implikation eine oder mehrere Konklusionen.

(5) **Vergleich der neu generierten Konklusion(en) mit den vorhandenen Aussagen in PC**: Falls eine neu generierte Konklusion im Vergleich mit den schon vorhandenen Aussagen von PC etwas Neues bietet (neues Prädikat, Verneinung eines vorhandenen Prädikats, andere oder größere Extension der Objekte, höhere Gewißheit), wird sie in die Liste PC übernommen; ebenso in die **Zwischenliste A'**. Falls die Objekte der Konklusion der Objektspezifikation des CONCL-Befehls entsprechen bzw. keine Spezifikation vorgenommen wurde, wird die Konklusion ausgegeben.

(6) **Neue Runde?** Konnten aus den Implikationen I(A) neue Konklusionen gewonnen werden (d.h. A' nicht leer), so bilden diese die neue Menge A (d.h. A := A'), mit der der Prozeß bei (2) fortgesetzt wird; anderenfalls sind alle möglichen Konklusionen generiert: ENDE des Konklusionsprozesses.

(Erst bei Eingabe zusätzlicher Prämissen kann der Prozeß in einer nächsten Stufe wieder aufgenommen werden; s. mehrstufige Konklusionsprozesse unter 2.2.1).

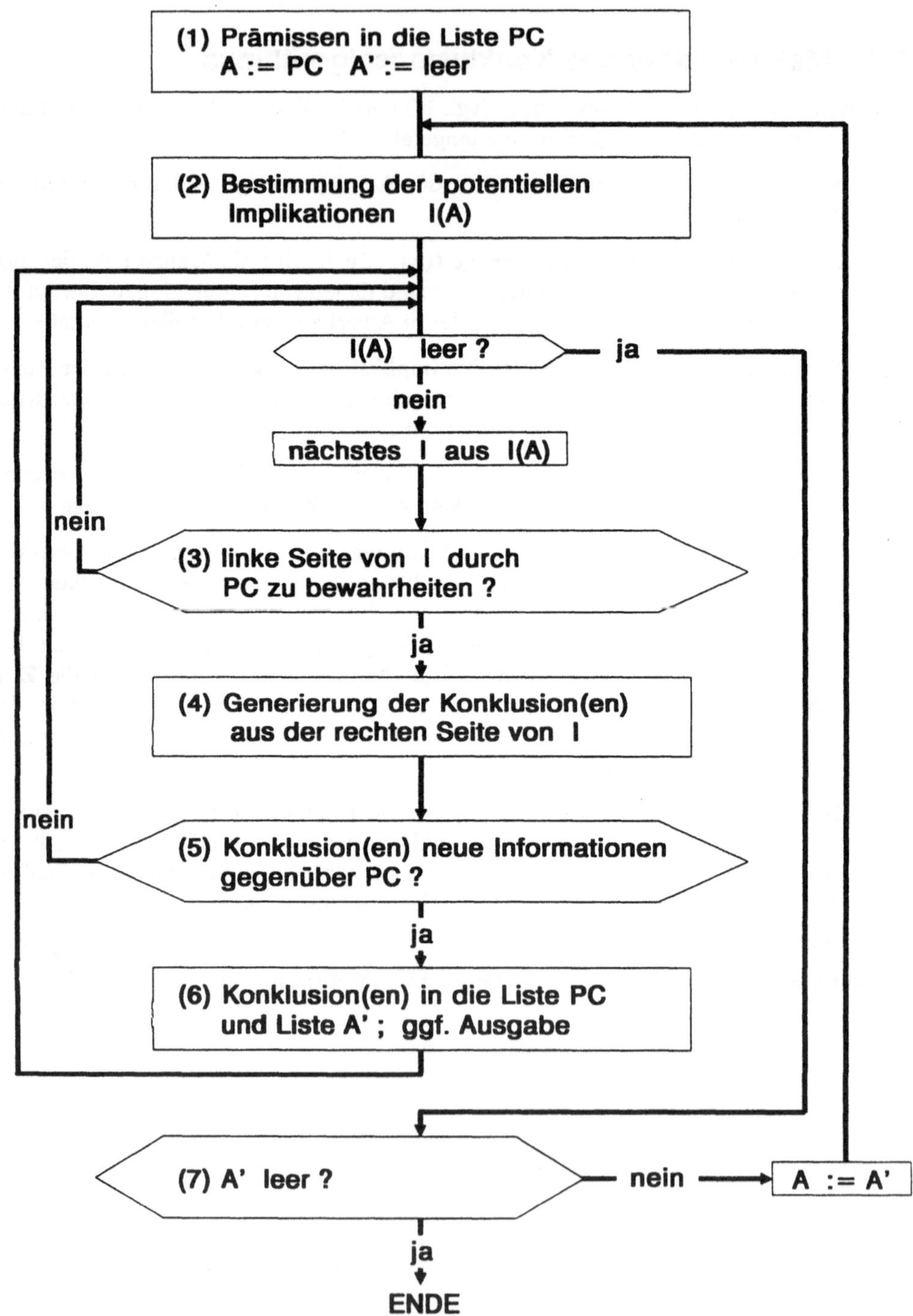

Abb. 3.4 Grobstruktur des Konklusionsprozesses in DEDUC.

4. Anmerkungen

1 In den bisher realisierten Versionen von DEDUC wurde größenordnungsmäßig mit 500 Objekten, 250 Prädikaten und 1000 Implikationen gearbeitet. Je nach Vernetzung der Implikationen wurden zu einzelnen Prämissen bis zu mehreren Hundert Konklusionen generiert.

2 Zum theoretischen und methodologischen Hintergrund vgl. K.F. Müller-Reißmann / F. Rechenmann: An Interactive Program for the Modelling of Deduction, in: H. Bossel (ed.): Concepts and Tools of Computer-assisted Policy Analysis, Birkhäuser, Basel 1977, vol. 3, S. 482-524; sowie K.F. Müller-Reißmann / H. Bossel: Zur Simulation kognitiver Prozesse bei Entscheidungen: Auf dem Wege zu einer Synthese von Wertforschung und Systemanalyse, in: H. Klages / P. Kmieciak (Hg.): Wertwandel und gesellschaftlicher Wandel, Campus, Frankfurt a.M. 1979, S. 539-555.
Eine praktische Einführung in die Wissensverarbeitung mit DEDUC mit mehreren Anwendungsbeispielen findet sich in H. Bossel, B. Hornung, K.F. Müller-Reißmann: Wissensdynamik mit DEDUC - Grundlagen und Methoden dynamischer Wissensverarbeitung: Wirkungsanalyse, Folgenabschätzung und Konsequenzbewertung. Vieweg, Braunschweig/Wiesbaden 1989.

3 vgl. auch 3.4; eine vollständige und formalisierte Darstellung des Deduktionsmechanismus (Auswertung einer DEDUC-Implikation) findet sich in: K.F. Müller-Reißmann/F. Rechenmann: An Interactive Program for Modelling of Deduction, in: H. Bossel (ed.), Concepts and Tools of Computer-Assisted Policy Analysis, Birkhäuser, Basel 1977, vol. 3, p. 482-524.

4 Wegen der restriktiven Form der DEDUC-Implikationen (s. 2.1.2) kann es zu einer Implikation mehrere Umkehrimplikationen geben. Z.B. würden zur DEDUC-Implikation "IF A AND B THEN C" die beiden Umkehrimplikationen "IF A AND NOT C THEN NOT B" und "IF B AND NOT C THEN NOT A" generiert.

5 Ausdrücke der Form "P AND NOT P" bzw. "P OR NOT P", deren Auswertung nach diesen Regeln zu Schwierigkeiten führt, können getrost ausgeschlossen werden; in den hier interessierenden realen Implikationen haben sie keinen Platz.

6 Es gibt keine zwingenden Gründe für die multiplikative Verknüpfung der Gewißheitsfaktoren bei Implikationen; es erscheint intuitiv 'vernünftig', es so zu machen.

7 Es besteht also hier für die 'Gewißheitslogik' im Unterschied zur Wahrscheinlichkeitslogik kein definitorischer Zusammenhang zwischen dem Gültigkeitswert einer Aussage und dem ihrer Negation (Gesetz der Additivität zu 1).

8 Wegen der restriktiven Form der DEDUC-Implikationen können es mehrere sein.

5. Übersicht über die DEDUC - Befehle

5.1 Eingabebefehle

<objektstrukturliste> IS <objekt>.	definiert die Objektstruktur von <objekt>.
IF <prädikatenausdruck> THEN <prädikatenliste> <cf>.	gibt eine Implikation mit dem Gewißheitsfaktor <cf> ein.
PREM <prämisse> <cf>.	gibt eine Prämisse mit dem Gewißheitsfaktor <cf> ein.
TIME.	definiert die Zeitkette.
VALUE <nr>.	definiert die Orientorenmenge <nr> (mit Gewichten und Prädikatenschlüssel).
SEV <nr>.	wählt Orientorenmenge <nr> für Evaluation aus.
LF <lf>.	gibt den Ladefaktor <lf> ein (nach Eingabe einer Implikation in einen Orientormodul).
AF <af>.	gibt den Betroffenheitsfaktor <af> ein (nach Eingabe einer Prämisse in einen Orientormodul).
RF <nr>.	liest Datei <DEDF.nr> ein (<nr>: 1...9; RF 11. liest zu benennende Datei ein).
RCF <nr>, <sp>.	liest Gewißheitsfaktoren für Implikationen aus Datei <DEDF.nr> und Spalte <sp> ein.
RCFP<nr>,<sp>.	dgl. für Prämissen
RLF <nr>,<sp>.	liest Ladefaktoren aus Datei <DEDF.nr> und Spalte <sp>.
RAF<nr>,<sp>.	liest Betroffenheitsfaktoren aus Datei <DEDF.nr> und Spalte <sp> ein.
ROF<nr>.	liest Schnittfaktoren aus Datei <DEDF.nr> ein.

5.2 Arbeitsbefehle

RECON.	schaltet Protokoll an.
RECOFF.	schaltet Protokoll aus.
CONCL.	generiert die Konklusionen.
IMP.	gibt die Nummern der im Konklusionsprozeß benutzten Implikationen aus.
NIMP.	gibt die Nummern der im Konklusionsprozeß nicht benutzten Implikationen aus.
HOW <nr>.	gibt die Herkunft der Konklusion <nr> an.
STOC.	speichert die Konklusionen des aktuellen Konklusionsprozesses.
COC 1.	vergleicht die gespeicherten Konklusionen mit denen des aktuellen Konklusionsprozesses.
COC 2.	gibt die Konklusionen zweier Prozesse aus, die die gleichen Prädikate und gemeinsame Objektdurchschnitte (nicht identische Objekte !) haben.
REC.	holt die mit STOC gespeicherte Information zur weiteren Verwendung zurück.
CFINT.	definiert Gewißheitsintervalle in einem Orientormodul: die vorliegenden Gewißheitsfaktoren der Prämissen werden in Mittelwerte überführt.
CFINTC.	holt die ursprünglichen Gewißheitsfaktoren der Prämissen zurück und löscht etwa vorhandene Konklusionen.
EVAL.	gibt ein noch zu spezifizierendes Evaluierungsdiagramm aus.

EVAL A.	zeigt nur die Betroffenheit (AF).
EVAL B.	zeigt die gewichtete Betroffenheit (WAF).
EVAL C.	zeigt WAF unter Berücksichtigung der Gewißheitsfaktoren.
EVAL D.	zeigt die (ungewichtete) Betroffenheit unter Berücksichtigung der Gewißheitsfaktoren.
EVAL E.	zeigt aggregiertes Bewertungsergebnis (negativ/positiv getrennt).
EVAL F.	zeigt aggregiertes Bewertungsergebnis (negativ/positiv aufsummiert).
EVAL G.	zeigt das über den Zeitverlauf aggregierte Bewertungsergebnis.
END.	beendet die Kommandophase im aktuellen Modul.

5.3 Informationsbefehle

HELP.	zeigt die Kommandoübersicht.
SORT OBJ.	gibt eine alphabetische Liste der Objekte aus.
SORT PRED.	gibt eine alphabetische Liste der Prädikate aus.
PRIA.	gibt eine alphabetische Liste der Prädikatenausdrücke aus.
PRIASO <objekt1>,<objekt2>,...	gibt alle Prädikatenausdrücke aus, die <objekt1>,<objekt2>,... enthalten.
PRIO ALL.	gibt alle Objekte aus, die an der Spitze einer Objektstruktur stehen.
PRIO <objekt>.	gibt die Objektstruktur von <objekt> aus.
PRI ALL.	gibt alle Implikationen aus.

PRI <prädikat>.	gibt alle Implikationen mit <prädikat> auf der linken Seite (IF-Teil) aus.
PRI <nr>.	gibt die Implikation <nr> aus.
PRI <nr>,.	gibt Implikationen ab <nr> aus.
PRI <nr.a>,<nr.b>.	gibt alle Implikationen von <nr.a> bis <nr.b> aus.
PRIR <prädikat>.	gibt alle Implikationen mit <prädikat> auf der rechten Seite (THEN-Teil) aus.
PRISO <objekt1>,<objekt2>,....	gibt Implikationen mit <objekt1>, <objekt2>,... aus.
PRIP.	gibt alle Prämissen des aktuellen Konklusionsprozesses aus.
PRIP ALL.	gibt alle Prämissen (und Konklusionen) aus.
PRIP <prädikat>.	gibt Prämissen mit <prädikat> aus.
PRIP <nr>.	gibt Prämisse <nr> aus.
PRIP <nr>,.	gibt alle Prämissen ab <nr> aus.
PRIP <nr.a>,<nr.b>.	gibt alle Prämissen von <nr.a> bis <nr. b> aus.
PRIPSO <objekt1>,<objekt2>,....	gibt Prämissen mit <objekt1>, <objekt2>,... aus.
PRIPCF.	gibt die Prämissen in der Folge abnehmender Gewißheiten aus.
PRIPCF <cf1>,<cf2>.	gibt die Prämissen mit Gewißheitsfaktoren zwischen <cf1> und <cf2> aus.
PRIT.	gibt die Zeitkette aus.
PRIV <nr>.	gibt die Orientorenmenge <nr> mit Wertgewichten und Prädikatenschlüssel aus.

PRIC.	gibt die Konklusionen des aktuellen Konklusionsprozesses aus.
SE.	beschränkt die nachfolgenden PRINT-Befehle auf die durch die vorhergehenden PRI-, PRIR-, PRISO- bzw. PRIP- oder PRIPSO-Befehle getroffene Auswahl.
ES.	beendet die Wirkung von SE.
STAT.	informiert über die Speicherbelegung usw. des Moduls

5.4 Strukturänderungsbefehle

SYN <prädikat1>, <prädikat2>.	behandelt <prädikat1> als Synonym des bereits vorhandenen <prädikat2>.
DELO ALL.	löscht alle Objekte.
DELO <objekt>.	löscht die Objektstruktur <objekt>.
DEL ALL.	löscht alle Implikationen.
DEL <prädikat>.	löscht alle Implikationen mit <prädikat> im IF-Teil.
DEL <nr>.	löscht die Implikation <nr>.
DEL <nr>,.	löscht alle Implikationen ab <nr>.
DEL <nr.a>,<nr.b>.	löscht alle Implikationen von <nr.a> bis <nr.b>.
DELP ALL.	löscht alle Prämissen (und Konklusionen).
DELP <prädikat>.	löscht die Prämissen mit <prädikat>.
DELP <nr>.	löscht die Prämisse <nr>.
DELP <nr>,.	löscht alle Prämissen ab <nr>.

DELP <nr.a>,<nr.b>.	**löscht alle Prämissen von <nr.a> bis <nr.b>.**
CCF ALL.	**dient der Änderung der Gewißheitsfaktoren aller Implikationen.**
CCF <nr>.	**dient der Änderung des Gewißheitsfaktors der Implikation <nr>.**
CCFP ALL.	**dient der Änderung der Gewißheitsfaktoren aller Prämissen.**
CCFP <nr>.	**dient der Änderung des Gewißheitsfaktors der Prämisse <nr>.**
CLF ALL.	**dient der Änderung der Ladefaktoren aller Implikationen.**
CLF <nr>.	**dient der Änderung des Ladefaktors der Implikation <nr>.**
CAF ALL.	**dient der Änderung der Betroffenheiten aller Prämissen.**
CAF <nr>.	**dient der Änderung der Betroffenheit der Prämisse <nr>.**
CV.	**dient der Änderung der Orientorenmenge <nr>.**

5.5 Dialogsteuerung (innerhalb gewisser Befehle)

f(in)	**Eingabe beenden (finished).**
b(ack)	**einen Schritt zurückspringen.**
n(ext) <nr>	**als nächstes Konzept <nr> anwählen.**
nomoto	**Modus Tollens abschalten.**

6. D E D U C Knowledge Processing System

Brief User Introduction

Full documentation of the DEDUC system and its application to knowledge processing is found in two German books:

K.F. Müller-Reißmann: Expertensystemshell DEDUC - Software zur Unterstützung dynamischer Wissensverarbeitung: Benutzerhandbuch. Vieweg Verlag, Braunschweig/Wiesbaden (West Germany) 1989.

H. Bossel, B. Hornung, K.F. Müller-Reißmann: Wissensdynamik mit DEDUC - Grundlagen und Methoden dynamischer Wissensverarbeitung: Wirkungsanalyse, Folgenabschätzung und Konsequenzbewertung. Vieweg, Braunschweig/Wiesbaden (West Germany) 1989.

The DEDUC system and several sample knowledge bases are provided on a computer disk (IBM-PC format) which comes with this set of books.

DEDUC can be used for

(1) Processing factual knowledge in the sense of deriving conclusions from existing knowledge: These conclusions are used to derive further conclusions, until all possible implications have been derived (impact analysis). Factual knowledge is stored in the 'knowledge module'.

(2) Assessing impacts with respect to value criteria (orientors): Knowledge about orientors and their relationships to potential impact variables is stored in the 'orientor module'. The results of the impact analysis can be transferred into the corresponding orientor module in order to assess what the impacts mean for system development (impact assessment).

In the example below we document both a simple knowledge module and corresponding orientor module, and demonstrate the use of DEDUC by working with these modules.

Knowledge bases should be written using a text editor (unformatted). They must then be copied into one of nine special files DEDF.1 ... DEDF.9, from which they can be read into DEDUC by using the corresponding commands RF 1 ... RF 9 (see below). The knowledge bases may contain comments enclosed in '!'.

The following program parts are required for running DEDUC:
DEDUC.EXE, DEDUCF.DAT, DEDUCF.TEX.

```
!DEDUC-DEMONSTRATION I - KNOWLEDGE MODULE - DEMKNOW!

!Object Structure Definitions!

rawMaterial (coal, oil, iron), fertilizer, wheat is resource.
indProduct (fertilizer), agricProduct (wheat), bread is product.
indCountry (Germany, USA), developgCountry (India) is country.
present, nearFuture, farFuture is tim.

!Implications!

if   (scarce (resource, country, tim)
or   expensive (resource, country, tim))
and  required (resource, product, country, tim)
then expensive (product, country, tim).

!Premises!

prem scarce (oil, country, nearFuture),
     required (oil, fertilizer, country, nearFuture),
     required (fertilizer, agricProduct, indCountry, tim),
     required (wheat, bread, Germany, tim).


!DEDUC DEMONSTRATION II - ORIENTOR MODULE - DEMORIM!

!Object structure!

physExistence, security, freedom, efficiency, adaptivity
is basicOrientor.
health, nutrition, socialSecurity is orientor.
bread, potato is basicFood.

!add Object Structure Definitions of knowledge module:!

rawMaterial (coal, oil, iron), fertilizer, wheat is resource.
indProduct (fertilizer), agricProduct (wheat), bread is product.
indCountry (Germany, USA), developgCountry (India) is country.
present, nearFuture, farFuture is tim.

!Implications!

if   expensive (basicFood, country, tim)
then threat (nutrition, country, tim).

if   threat (orientor, country, tim)
and  important (orientor, basicOrientor, country, tim)
then threat (basicOrientor, country, tim).

!Premises!

prem important (nutrition, physExistence, country, tim),
     expensive (bread, Germany, nearFuture).
```

In the following example, the knowledge module DEMKNOM is copied into DEDF.2, while the orientor module DEMORIM is copied into DEDF.3. First, the orientor module is read in by using RF 3. This module is saved, and the knowledge module is subsequently read in by using RF 2. After defining the time chain using the TIME command, conclusions corresponding to the given premises are drawn in the knowledge module (using CONCL). These conclusions are then transferred into the orientor module. After defining the time chain there, conclusions are drawn giving the assessment of the impacts on the value set of the orientor module.

In applications not requiring orientor assessment, create the facts module by reading in the knowledge module, define the time chain (if relevant), and draw conclusions using the CONCL command.

The program is started by typing DEDUC. All commands (except NEXT, BACK, FIN, NOMOTO) must end with a full stop '.'. The available DEDUC-commands are listed and explained below. You can produce these explanations on the screen by typing HELP.

```
D E D U C
KNOWLEDGE PROCESSING SYSTEM
Version 1-1989

NAME OF THE MODULE ?
demorim
NEW MODULE
KNOWLEDGE MODULE ? (Y/N)
n
TYPE YOUR COMMANDS
recon.
 RECORD ON ***********
 OK:
rf 3.
 DO YOU WANT TO SEE THE CONCEPTS READ ? (Y/N/BACK)
n
 OK:
 END OF RF. OK:
end.
 SAVE CURRENT MODULE ? (Y/N/BACK)
y
 MODULES:  1 - FREE RECORDS: 19826
 DELETE ANY MODULE ? (Y/N/BACK)
n
 CONTINUE WITH ANOTHER MODULE ? (Y/N)
y
 STORED MODULES ARE:
 demorim
```

```
 NAME OF THE MODULE ?
demknom
 NEW MODULE
 KNOWLEDGE MODULE ? (Y/N)
y
 DEDUCTION IN MODUS PONENS ONLY ? (Y/N)
y
 TYPE YOUR COMMANDS
 OK:
rf 2.
 DO YOU WANT TO SEE THE CONCEPTS READ ? (Y/N/BACK)
n
 OK:
 END OF RF. OK:
time.
 SPECIFY THE TIME CHAIN
 TIME  1 ?
present
 TIME  2 ?
nearFuture
 TIME  3 ?
farFuture
 TIME  4 ?
fin
 OK:
concl.
 CONCLUSION INTERRUPT AFTER HOW MANY MINUTES ?
1
 CUTOFF AT WHICH CERTAINTY FACTOR ?
0
    1    5) CF:100  expensive(fertilizer,country,nearFuture)
    1    6) CF:100  expensive(agricProduct,indCountry,nearFuture)
    1    7) CF:100  expensive(bread,Germany,nearFuture)
 DELETE THE CONCLUSIONS (1) ? (Y/N)
n
 PREMISES AND CONCLUSIONS STORED. YOU MAY ADD SOME PREMISES
 IMPL.:   1     PREM.:  4     CONCL.:   3
*** CONCL.TIME   12.69 SECONDS

 OK:
end.
 SAVE CURRENT MODULE ? (Y/N/BACK)
y
 TRANSFER PREMISES/CONCLUSIONS TO ANOTHER MODULE ? (Y/N/BACK)
y
 STORED MODULES ARE:
 demorim          demknom
 ENTER TARGET MODULE (OR BACK)
demorim
 ORIENTOR MODULE
 DEFINE PAIRS OF PREFIXES ? (Y/N)
n
```

```
 SPECIFY THE TIME CHAIN
 TIME  1 ?
present
 TIME  2 ?
nearFuture
 TIME  3 ?
farFuture
 TIME  4 ?
fin
 TYPE YOUR COMMANDS
 OK:
concl.
 CONCLUSION INTERRUPT AFTER HOW MANY MINUTES ?
1
 CUTOFF AT WHICH CERTAINTY FACTOR ?
0
 SATURATION LIMIT FOR EVALUATION ? (Y/N)
n
    7) CF:100  AF: 100  threat(nutrition,Germany,nearFuture)
    8) CF:100  AF: 100  threat(physExistence,Germany,nearFuture)
 DELETE THE CONCLUSIONS (1) ? (Y/N)
n
 PREMISES AND CONCLUSIONS STORED. YOU MAY ADD SOME PREMISES
 IMPL.:   2     PREM.:  6     CONCL.:   2
*** CONCL.TIME   61.03 SECONDS
 OK:
end.
SAVE CURRENT MODULE ? (Y/N/BACK)
n
TRANSFER PREMISES/CONCLUSIONS TO ANOTHER MODULE ? (Y/N/BACK)
n
MODULES: 2 - FREE RECORDS: 19729
DELETE ANY MODULE ? (Y/N/BACK)
n
CONTINUE WITH ANOTHER MODULE ? (Y/N)
n
--- PROGRAM FINISHED
****START TIME 10: 6:47
****END   TIME 10:29:50
Stop - Program terminated.
```

LIST OF DEDUC COMMANDS (produced by typing HELP.)

```
COMMAND SUMMARY:
1  READING / WRITING TO FILES
2  INPUT OF CONCEPTS
3  INFORMATION ABOUT CONCEPTS
4  MODIFICATION OF CONCEPTS
5  PROCESSING COMMANDS
6  EVALUATION COMMANDS (ORIENTOR MODULE ONLY)
7  DIALOGUE CONTROL COMMANDS
--------------------------------------------------
1
*** READING / WRITING COMMANDS:
RF   <FILENR>.          Read  File  FILENR
RCF  <FILENR,NR>.       Read Certainty Factors for implications
RCFP <FILENR,NR>.       Read Certainty Factors for Premises
RLF  <FILENR,NR>.       Read Load Factors for implications
RAF  <FILENR,NR>.       Read Affectedness Factors for premises
                        from FILENR, column NR
ROF  <FILENR>.          Read Overlap Factors from FILENR
   FILENR: 1 ...  9  (DEDF.1 ... DEDF.9)  resp. 11
   NR:     1 ... 12
RECON.                  RECord ON  (record on file DEDF.10)
RECOFF.                 RECord OFF
--------------------------------------------------
2
*** INPUT OF CONCEPTS:
<OBJECT STRUCTURE LIST> IS <OBJECT>.
     definition of object structure
IF <PREDICATE EXPRESSION> THEN <PREDICATE LIST> [<CF>].
     definition of implication
     CF  Certainty Factor: 0 ... 100
LF  <LOAD FACTOR>.
     definition of Load Factor for preceding implication
     LOAD FACTOR: -100 ... 100  (only in orientor module)
PREM <PREMISE LIST> [<CF>].
     definition of PREMises
AF   <AFFECTEDNESS FACTOR>.
     definition of Affectedness Factor for preceding premise
     AFFECTEDNESS FACTOR: -100 ... 100  (only in orientor module)
VALUE <NR>.     definition of VALUE set NR for evaluation
SEV   <NR>.     SElection of Value set NR for evaluation  (NR: 1 ... 5)
TIME.           definition of TIME chain
--------------------------------------------------
3
*** INFORMATION ABOUT CONCEPTS:
1  SORT COMMANDS
2  PRINT OBJECTS
3  PRINT IMPLICATIONS
4  PRINT PREMISES/CONCLUSIONS
5  SELECTED OUTPUT
6  PRINT VALUES
7  PRINT TIME CHAIN
8  STATUS
```

```
1
*** SORT COMMANDS:
SORT OBJ.               SORT OBJects
SORT PRED.              SORT PREDicates
PRIA.                   PRInt Atomic expressions
PRIASO <OBJECT LIST>.   PRInt Atomic expressions containing
                        all objects of OBJECT LIST
---------------------------------------------------------------------
2
*** PRINT OBJECTS:
PRIO ALL.               PRInt ALL top Objects
PRIO <OBJECT>.          PRInt Object structure with top object OBJECT
---------------------------------------------------------------------
3
*** PRINT IMPLICATIONS:
PRI ALL.                PRint ALL Implications
PRI <PREDICATE>.        PRint Implications containing PREDICATE on left
PRI <NR>.               PRint Implication NR
PRI <NR>,.              PRint Implications, starting with implication NR
PRI <NR1>,<NR2>.        PRint Implications NR1 through NR2
PRIR <PREDICATE>.       PRInt Implications containing PREDICATE on Right
PRISO <OBJECT LIST>.    PRInt Implications Selected according
                        to Objects on OBJECT LIST
---------------------------------------------------------------------
4
*** PRINT PREMISES/CONCLUSIONS:
PRIP ALL.               PRInt ALL Premises/conclusions
PRIP <PREDICATE>.       PRInt Premises/conclusions containing PREDICATE
PRIP <NR>.              PRInt Premise/conclusion NR
PRIP <NR>,.             PRInt Premises/conclusions, starting with NR
PRIP <NR1>,<NR2>.       PRInt Premises/conclusions NR1 through NR2
PRIPSO <OBJECT LIST>.   PRInt Premises/conclusions Selected according
                        to Objects on OBJECT LIST
PRIP.                   PRInt all Premises (of preceding concl. process)
PRIC.                   PRInt all Conclusions (preceding process)
PRIPCF.                 PRInt Premises/conclusions in order of
                        decreasing Certainty Factor
PRIPCF <CF1>,<CF2>.     PRInt Premises/conclusions with Certainty Factor
                        between CF1 and CF2
---------------------------------------------------------------------
5
*** SELECTED OUTPUT:
SE.          start SElected output (after PRI <PREDICATE>, PRIR or PRISO
             resp. PRIP <PREDICATE> or PRIPSO)
ES.          End Selected output
---------------------------------------------------------------------
6
*** PRINT VALUES:
PRIV  <NR>.     PRInt Value set NR
---------------------------------------------------------------------
7
*** PRINT TIME CHAIN:
PRIT.           PRInt Time chain
---------------------------------------------------------------------
8
*** STATUS:
STAT.         report STATus of available memory space, module type etc.
```

```
4
 *** MODIFICATION OF CONCEPTS:
 1  DEFINE SYNONYMOUS PREDICATES
 2  DELETE OBJECTS
 3  DELETE IMPLICATIONS
 4  DELETE PREMISES/CONCLUSIONS
 5  CHANGE CERTAINTY / LOAD / AFFECTEDNESS FACTORS
 6  CHANCE VALUE SET
 7  CERTAINTY FACTOR INTERVALS
 -----------------------------------------------------------------
1
 *** DEFINE SYNONYMOUS PREDICATES:
 SYN <PREDICATE.NEW>,<PREDICATE.OLD>   define PREDICATE.NEW as SYNonym
                                       of PREDICATE.OLD
 -----------------------------------------------------------------
2
 *** DELETE OBJECTS:
 DELO ALL.          DELete ALL Objects
 DELO <OBJECT>.     DELete Object structure OBJECT
 -----------------------------------------------------------------
3
 *** DELETE IMPLICATIONS:
 DEL ALL.           DELete ALL implications
 DEL <PREDICATE>.   DELete implications containing PREDICATE on left
 DEL <NR>.          DELete implication NR
 DEL <NR>,.         DELete implications, starting with implication NR
 DEL <NR1>,<NR2>.   DELete implications NR1 through NR2
 -----------------------------------------------------------------
4
 *** DELETE PREMISES/CONCLUSIONS:
 DELP ALL.           DELete ALL Premises/conclusions
 DELP <PREDICATE>.   DELete Premises/conclusions containing PREDICATE
 DELP <NR>.          DELete Premise/conclusion NR
 DELP <NR>,.         DELete Premises/conclusions, starting with NR
 DELP <NR1>,<NR2>.   DELete Premises/conclusions NR1 through NR2
 -----------------------------------------------------------------
5
 *** CHANGE CERTAINTY / LOAD / AFFECTEDNESS FACTORS:
 CCF  ALL.      Change Certainty Factor of ALL implications
 CCF  <NR>.     Change Certainty Factor of implication NR
 CCFP ALL.      Change Certainty Factor of ALL Premises/conclusions
 CCFP <NR>.     Change Certainty Factor of Premise/conclusion NR
 CLF  ALL.      Change Load factor of ALL implications (orientor module)
 CLF  <NR>.     Change Load Factor of implication NR (in orientor module)
 CAF  ALL.      Change Affectedness Factor of ALL premises/conclusions
 CAF  <NR>.     Change Affectedness Factor of Premise/conclusion NR
 -----------------------------------------------------------------
6
 *** CHANGE VALUE SET:
 CV    <NR>.    Change Value set NR
 -----------------------------------------------------------------
7
 *** CERTAINTY FACTOR INTERVAL:
 CFINT.     define Certainty Factor INTervals for evaluation
            (before starting conclusion process in orientor module)
 CFINTC.    Certainty Factor INTervals Cancellation
```

```
5
 *** PROCESSING COMMANDS:
 CONCL.                 execute CONCLusion process
 CONCL <OBJECT LIST>.   execute CONCLusion process, restricting output
                        to conclusions containing objects on OBJECT LIST
 HOW <NR>.              explain HOW conclusion NR was generated
 IMP.                   list IMPlications used in the conclusion process
 NIMP.                  list IMPlications Not used in the concl. process
 STOC.                  STOre old Conclusion sets (premises and conclusions)
 COC 1.                 COmpare Conclusion sets; shows identical and
different
                        premises and conclusions
 COC 2.                 COmpare Conclusion sets; show identical predicates
 REC.                   RECall old Conclusion set
 EVAL.                  generate EVALuation diagram:
 EVAL A.   affectedness (of values of the selected value set)
 EVAL B.   weighted affectedness
 EVAL C.   weighted affectedness; certainty factors considered
 EVAL D.   affectedness; certainty factors considered
 EVAL E.   aggregated evaluation; separate negative and positive
contributions
 EVAL F.   aggregated evaluation; net sum of neg./pos. contributions
 EVAL G.   aggregated evaluation with (weighted) summation over time
 ------------------------------------------------
6
 *** EVALUATION COMMANDS:
 LF  <LOAD FACTOR>.
     definition of Load Factor for preceding implication
     LOAD FACTOR: -100 ... 100  (only in orientor module)
 AF  <AFFECTEDNESS FACTOR>.
     definition of Affectedness Factor for preceding premise
     AFFECTEDNESS FACTOR: -100 ... 100  (only in orientor module)
 RLF  <FILENR,NR>.      Read Load Factors for implications
 RAF  <FILENR,NR>.      Read Affectedness Factors for premises
                        from FILENR, column NR
 ROF  <FILENR>.         Read Overlap Factors from FILENR
    FILENR: 1 ...  9  (DEDF.1 ... DEDF.9)  resp. 11
    NR:     1 ... 12
 VALUE <NR>.     definition of VALUE set NR for evaluation
 PRIV  <NR>.     PRInt Value set NR
 CV    <NR>.     Change Value set NR
 SEV   <NR>.     SElection of Value set NR for evaluation  (NR: 1 ... 5)
 CFINT.        define Certainty Factor INTervals for evaluation
               (before starting conclusion process in orientor module)
 CFINTC.       Certainty Factor INTervals Cancellation
 EVAL.         generate EVALuation diagram (s. PROCESSING COMMANDS)
 ------------------------------------------------
7
 * DIALOGUE CONTROL COMMANDS (without point):
 BACK or B        go BACK to previous step
 FIN or F         FINish this part (inside of commands TIME., VALUE <NR>.,
                  CCF ALL., CCFP ALL., CLF ALL., CAF ALL., CV <NR>.)
 NEXT or N <NR>   NEXT changing at NR (in CCF ALL. etc.)
 PRI or P         PRInt implication (in CCF- and CLF-command)
 PRIP or P        PRInt Premise/conclusion (in CCFP- and CAF-command)
 NOMOTO           continue without MOdus TOllens (in CONCL-command)
```

7. Sachverzeichnis